畜禽生态养殖实用技术

江青东 著

中国农业科学技术出版社

图书在版编目（CIP）数据

畜禽生态养殖实用技术 / 江青东著 .—北京：中国农业科学技术出版社，2019. 12

ISBN 978-7-5116-4509-8

Ⅰ. ①畜…　Ⅱ. ①江…　Ⅲ. ①畜禽-生态养殖　Ⅳ. ①S815

中国版本图书馆 CIP 数据核字（2019）第 256882 号

责任编辑　张国锋
责任校对　李向荣

出 版 者　中国农业科学技术出版社
北京市中关村南大街 12 号　邮编：100081
电　　话　(010)82106636(编辑室)　(010)82109702(发行部)
(010)82109709(读者服务部)
传　　真　(010)82106631
网　　址　http://www.castp.cn
经 销 者　各地新华书店
印 刷 者　北京建宏印刷有限公司
开　　本　850mm×1 168mm　1/32
印　　张　5. 5
字　　数　150 千字
版　　次　2019 年 12 月第 1 版　2019 年 12 月第 1 次印刷
定　　价　25. 00 元

前　言

畜禽生态养殖是指应用生态学、生态经济学与系统科学基本原理，吸收现代科学技术成就与传统农业中的精华，以畜牧业为中心，并将相应的植物、动物、微生物等生物种群匹配组合起来，形成合理有效开发，实现经济效益、生态效益和社会效益三统一的高效、稳定、持续发展的人工复合生态系统。畜禽生态养殖根据所饲养畜禽的天性选择适合畜禽生长的无污染的自然生态环境，让畜禽在自然生态环境中按照自身的生长发育规律自然生长。为了提高一线养殖人员的科学养殖技术和方法，我们编写了本书。

本书全面系统地叙述了猪、肉牛、奶牛、肉鸡、蛋鸡、羊的科学饲养管理、疫病预防和品种选育等方面的内容。本书内容丰富、通俗易懂、实用性强，可作为一线养殖技术人员的培训教材，也可作为基层畜牧管理人员的参考用书。

由于作者水平有限，书中难免存在不足之处，欢迎广大读者批评指正。

著　者

2019 年 9 月

前言

目　录

第一章　猪的饲养管理

第一节　影响猪生长的重要营养成分

猪的营养中最重要的营养成分有水分、能量、蛋白质（氨基酸）、矿物质和维生素。

一、水

水是猪体中比例最大的组成部分。猪一旦断水，会降低采食量，从而严重影响生长，还会影响到许多生理功能，例如热调节。哺乳母猪缺水则迅速影响到泌乳量。

在正常条件下，猪的水消耗量为采食量的 2~2.5 倍。如果环境温度和湿度很高，猪每采食 1kg 饲料，需耗水 4~4.5L。猪饮用水必须清洁，混有猪粪尿的水会严重影响猪的饮水量，这对于没有安装自动饮水器的小型猪场显得尤为重要。清洁的水质一般不会对猪的饮水量及生长造成不良影响，但水中矿物质含量高会影响生产性能。硫酸盐因为其轻泻作用而具有特别意义。饮水中高浓度硫酸盐（咸水）主要有如下影响。

（1）仔猪易于出现下痢。

（2）日增重和饲料转化率下降。

（3）有的出现神经症状。

（4）关节僵直，腿病增多。

(5) 增加饮水量。

(6) 降低饲料采食量。

水是动物赖以生存的最重要的营养物质，也是最易被人所忽视的营养物质。在猪体内，水是营养物质吸收和废物排出的重要溶剂和运输工具，通过出汗、体表蒸发等还可以起到调节体温的重要作用，而体内营养物质的消化吸收、降解、代谢，也要在体液（水）中通过由酶催化的一系列化学反应来实现，即水是这些化学反应顺利进行的媒介。此外，水还与饲料采食量密切相关，对猪来说，一般饮水量和采食量之间的比例为（2~3）：1。在猪的饲养过程中，水一般是通过自动饮水器/水槽等方式自由获得，水压/水温过低过高，饮水器高度等均会影响到猪的饮水，而饮水量的多少与猪的采食量高低直接相关。在夏季，需水量增加，尤其应注意水的足量供应。水的质量对于猪的生长也有很大影响，在生产中要注意控制水的硬度、亚硝酸盐含量和有害微生物（大肠杆菌、沙门氏菌）的含量。家畜饮水中大肠杆菌数量应小于5 000个/L。动物对硝酸盐的承受力为1 320mg/L，对亚硝酸盐的承受力为33mg/L。

二、能量

碳水化合物（如玉米）以及脂肪都是机体能量的最重要来源。现在在猪日粮配合中用代谢能（kcal）来表示能量需要，即能量总摄入量减去粪能和尿能。

猪饲料中常用的能量原料为谷实类，如玉米、高粱、大麦、小麦及其副产物。大多数谷物具有良好的适口性和较高消化率。尽管谷实类碳水化合物含量较高，但缺乏猪所需的蛋白质、微量元素和维生素。因此，日粮中必须添加蛋白质、微量元素等原料，使之达到猪的营养需要量。实际动物需要的能量饲料部分需占总日粮的70%~80%，以满足生长和维持生命的需要。幼年动物所需能量饲料部分比例高于成年动物。怀孕母猪需要的能量饲料部分少于泌乳母猪，如果猪采食的能量高于其需要量，则会以脂肪形式沉积在机体内，可能导致过于肥胖。

日粮中的纤维能够扩大肠道的容积，提高采食量。在怀孕母猪日粮中提高粗纤维有一定益处，例如提高泌乳期的饲料采食量，提高窝产仔数和仔猪成活率。但生长猪日粮中猪纤维含量不应高于5%，过高的粗纤维含量会降低饲料的消化与吸收。配种期间公猪和母猪的日粮可以增加饲料的粗纤维含量，以增强胃肠活力，刺激多采食。

猪需要一定的脂肪溶解一些维生素（维生素A、维生素D、维生素E、维生素K)，以利于吸收。维生素分为两类：水溶性维生素和脂溶性维生素。实际上，猪对脂肪酸的需要量为0.03%~0.22%。添加脂肪或使日粮中可利用亚油酸的含量达到0.03%可促进采食量，改善生产性能。动物性脂肪添加过多会使猪变肥，背膘加厚。

玉米粕

三、蛋白质和氨基酸

日粮中粗蛋白水平常用来区分不同生长阶段的日粮，但猪所需要的是组成日粮蛋白质的氨基酸，蛋白质是由许多氨基酸组成的。在消化过程中蛋白质被分解为单个氨基酸。猪从肠道中吸收氨基酸后，在体组织中重新合成新的蛋白质。事实上，猪需要的不是蛋白质，而是氨基酸。对蛋白质原料（如豆粕、鱼粉）质量优劣的评价应首先立足于这些氨基酸的含量及利用能力。

四、常量元素

矿物质元素在猪日粮中的比例很低，但其对健康的作用极为重要。矿物质元素可被分为两类：常量元素和微量元素。常量元素通常也称为大量元素，主要为钙、磷、钠和氯。微量元素（少量或痕量元素）主要考虑锌、铜、铁、锰、碘和硒。

矿物质元素的功能极为广泛，从组织的结构成分到一系列调节功能。在集约化饲养的大趋势中，动物由于接触不到土壤和粗饲料，满足动物的微量元素需要就显得尤其重要。饲料中钙、磷缺乏，幼猪会出现生长缓慢，腿病增加，常引起风湿症、贫血、肠炎等并发症，严重时可导致佝偻病；断奶前后仔猪缺钙常发生痉挛症；育肥后期猪严重缺钙，常因骨盆或股骨折损而瘫痪；妊娠母猪的钙磷用于自身和胎儿发育的需要，如果饲料钙磷不足，常会产下死胎、畸形或体质虚软的低活力仔猪；哺乳母猪如果缺钙，则泌乳量减少，影响仔猪发育，更严重的母猪动用自身骨中钙磷造乳，常会引起后期骨质疏松而瘫痪。猪对钙磷的吸收必须具备 3 个基本条件：第一，饲粮中含有足够的钙和磷；第二，钙和磷之间比例适当，一般以（1~1.5）：1 为宜；第三，有充足的维生素 D 存在，以促进钙磷吸收和成骨。此外，日粮中过多的脂肪会妨碍钙磷吸收。食盐能刺激食欲，促进消化，提高饲料利用率。饲料缺乏食盐时，猪的食欲减退，皮肤粗糙，增重降低，易发生啃泥、喝尿、舔墙等异常现象。铜和铁是正常造血和防止仔猪营养性贫血所必需的物质。

猪缺锌会发生类似疥疮样的但不痒的皮炎，皮肤表现粗糙。常见猪的缺锌性皮炎是由于饲粮中含钙过高所致，即由于钙含量过高引起猪对锌的需要量增加所引起的。仔猪缺硒时会发生白肌症，亚硒酸钠是防治缺硒症的有效药品，也是仔猪水肿病的辅助治疗药品。

五、维生素

维生素是一系列为维持机体正常代谢活动所需的营养成分，是保证机体组织正常生长发育和维持健康所必需的。一些维生素可以在体内合成并足以满足猪生长的需要；另有一些在常用饲用原料中存在并含量充足；但是，还有一些维生素必须从日粮中另外添加以获得最佳的生产性能。维生素的需要在目前的饲养实践中比过去更为重要，因为日粮组成比较简单，只有几种原料，而且动物接触不到青绿饲料，而青绿饲料是维生素的良好来源。

添加到猪日粮中的维生素可以分为两类，即脂溶性维生素和水溶性维生素。添加的脂溶性维生素为维生素 A、维生素 D、维生素 E 和维生素 K，水溶性的主要有 B 族维生素，其中在以玉米为基础的日粮中可能缺乏的有泛酸、核黄素、烟酸、胆碱和维生素 B_{12}。B 族维生素及脂溶性维生素 A、维生素 D、维生素 E 对于母猪的繁殖非常重要，母猪缺乏维生素 A，发情异常，易引起死胎、流产，产出瞎眼、兔唇等畸形仔猪；缺乏维生素 D 会导致产死胎、弱仔，母猪于泌乳后期瘫痪；缺乏维生素 E 时，母猪不孕或胎儿发育不正常，发生流产、死胎。

第二节 猪舍设计及卫生

猪舍建筑是一门深奥的科学，需要不断的总结完善。对于生态养猪的猪舍建筑，需要结合传统猪舍设计的优秀成果，但同时不要用传统思维模式来限制设计思路，而要用创造性的思维去指导和不断创新猪舍设计。

当前，发酵床养猪的现有基本饲养模式是在舍内设置80~100cm的地下或地上式垫料坑，填充锯末或秸秆等农副产品垫料，利用微生物制剂对垫料进行发酵，形成有益菌繁殖的小环境，抑制和分解有害菌，包括细菌和病毒；猪粪尿直接排放在垫料上，实现粪污零排放。粪尿加速了垫料微生物的发酵，产生热量，保证猪只能正常越冬；恢复了猪只的拱食习性，采食发酵所产生的菌体蛋白，成为猪只的补充料；垫料较长时间（一般2~3年）根据需要清理一次，成为高档有机肥料；整个饲养过程对外达到零排放、无臭味、无污染。

发酵床猪舍

一、发酵床猪舍设计的基本理念

科学的生态养猪猪舍是尽最大可能利用自然资源（如阳光、空气、气流、风向等免费自然元素），尽可能少地使用如水、电、煤等现代能源或物质；尽可能大地利用生物性、物理性转化，尽可能少地使用化学性转化。

二、发酵床猪舍设计的指导思想

一是有利于发挥作用、节约劳力、提高效率。二是有利于节省占地面积，控制猪只适度密度。三是有利于各类猪只生长发育，尽量改善舍内的气候环境。四是控制适宜的建筑成本。

三、发酵床猪舍设计的基本原则

生态养猪猪舍设计，也需要事先考虑如下原则，这些原则都需要生产体系和栏圈来予以保证。一是“零”混群原则。不允许不同来源的猪只混群，这就需要考虑隔离舍的准备。二是最佳存栏原则。始终保持栏圈的利用，这就需要均衡生产体系的确定。三是按同龄猪分群原则。不同阶段的猪只不能在一起，这是全出全进的体系基础。

四、舍内外环境对发酵床猪舍设计的要求

猪舍的环境主要指温度、湿度、气体、光照以及其他一些影响环境的卫生条件等，是影响猪只生长发育的重要因素。猪的集体与环境之间，随时都在进行着物质与能量的交换，在正常环境下，猪体能与环境保持平衡，形成良性循环，可以促使猪只发挥其生长潜力。因此，为保证猪群正常的生活与生产，必须人为地创造一个适合猪生理需要的气候条件。生态养猪建筑设计同传统集约化猪场场址无多大差异，比传统猪舍更趋灵活，主要应综合考虑分析地理位置、地势与地形、土质水、电以及占地面积等问题。

五、发酵床猪舍总体布局的原则

1. 利于生产

猪场的总体布局首先应满足生产工艺流程的要求，按照生产过程的顺序性和连续性来规划，有利于生产，便于科学管理，从而提高劳动生产率。

2. 利于防疫

规模猪场猪群规模大，饲养密度高。要保证正常的生产，必

须将卫生防疫工作提高到首要位置。一方面在整体布局上应着重考虑猪场的性质、猪只本身的抵抗能力、地形条件、主导风向等几个方面；另一方面还要采取一些行之有效的防疫措施。生态养猪法应尽量多地利用生物性、物理性措施来改善防疫环境。

3. 利于运输

猪场日常的饲料、猪及生产和生活用品的运输任务非常繁忙，在建筑物和道路布局上应考虑生产流程的内部联系和对外联系的连续性，尽量使运输路线方便、简洁、不重复、不迂回。

4. 利于生活管理

猪场在总体布局上应使生产区和生活区做到既分隔又联系，位置要适中，环境要相对安静。要为职工创造一个舒适的工作环境，同时又便于生活、管理。

5. 猪场生产区和猪舍门口设置消毒池

池内配置2%火碱水或20%石灰水等消毒液，消毒液要及时更换，经常保持有效浓度，冬季可放盐防止结冰。

6. 清洁猪舍

猪舍保持通风良好，光线充足，室内干燥；猪舍内外每天清扫1次，所用饲养用具应定期清洗消毒，经常保持清洁。饲料槽、水槽每天必须清洗、消毒1次。

7. 饲料

根据猪的生长发育和生产需要，供给所需的全价饲料，经常检查饲料品质。禁止饲喂已污染或发霉、变质的饲料。

8. 驱虫

猪场内饲养的猪只，每年进行1~2次猪体内、外寄生虫病的驱虫工作。

9. 消毒

猪舍和用具每年至少进行春、秋两次大扫除，全面、彻底地消毒，每月进行一次一般性消毒。消毒药液常用2%的火碱水或0.5%过氧乙酸溶液，饲养用具用热碱水消毒后，再用清水洗涤晒干后使用。育肥猪舍采取“全进全出”的消毒方法；母猪舍待母猪分娩后采取小区“全进全出”消毒；猪肥舍待每批肥猪出栏后彻底大消毒，空圈1周后方可进猪，不能“全进全出”的猪舍要进行定期消毒。

第三节　猪品种的选择及注意事项

中国十大土名猪品种是：互助八眉猪、荣昌猪、宁乡猪、陆川猪、淮猪、太湖猪、金华两头乌猪、东北民猪、华南香猪、藏猪。

一、互助八眉猪

互助八眉猪

1. 地域

青海海东互助土族自治县。

2. 特点

互助猪是在青海高原生态环境条件下，经过长期自然和人工选择而形成的地方猪种，具有适应性强、性早熟、抗逆性好、产仔数较多、保姆性好、沉积脂肪能力强、肉质好、能适应贫瘠多变的饲养管理条件、性状遗传稳定、对近交有抗力等优良特性。

二、荣昌猪

荣昌猪

1. 地域

重庆荣昌。

2. 特点

按毛色特征分别称为“金架眼”“黑眼膛”“黑头”“两头黑”“飞花”和“洋眼”等。荣昌猪头大小适中，面微凹，耳中等大、下垂，额面皱纹横行、有旋毛；体躯较长，发育匀称，背腰微凹，腹大而深，臀部稍倾斜，四肢细致、结实；鬃毛洁白、刚韧。乳头 6~7 对。

三、宁乡猪

宁乡猪

1. 地域

湖南长沙宁乡县。

2. 特点

宁乡猪是我国著名的地方优良猪种之一。它具有适应性广，易熟易肥，蓄脂力强，屠宰率高，肉质细嫩等特点。特别是加工腌制腊肉，色泽金黄，肥膘透明，别有风味。仔猪做烧烤猪，尤其味美色佳。

四、陆川猪

陆川猪

1. 地域

广西壮族自治区（全书简称广西）玉林陆川县。

2. 特点

母猪具有成熟早、产仔多、母性好的特点；其肉皮薄、肉嫩、肥而不腻；其畜产品可加工脆皮乳猪、香肠、无皮五花腊肉等。

五、淮猪

淮猪

1. 地域

江苏连云港东海。

2. 特点

全身被毛，黑色而较密，冬天生褐色绒毛；头部面颊部皱纹浅而少，呈菱形；嘴筒较长而直；耳朵大，下垂；体形中等较紧凑，背腰窄平，极少数微凹，腹部较紧，不拖地；四肢较高且结实；母猪乳头数 7~10 对。

六、太湖猪

太湖猪

1. 地域

江苏苏州常熟。

2. 特点

太湖猪是世界上产仔数最多的猪种，享有“国宝”之誉，苏州地区是太湖猪的重点产区。太湖猪特性之一是繁殖性能高。太湖猪高产性能享誉世界，是我国乃至全世界猪种中繁殖力最强的猪种。太湖猪体型中等，被毛稀疏，黑或青灰色，四肢、鼻均为白色，腹部紫红，头大额宽，额部和后躯皱褶深密，耳大下垂，形如烤烟叶。四肢粗壮、腹大下垂、臀部稍高、乳头 8~9 对，最多 12.5 对。依产地不同分为二花脸、梅山、枫泾、嘉兴黑和横泾等类型。

七、金华两头乌猪

1. 地域

浙江省金华婺城区。

金华两头乌猪

2. 特点

因其头颈部和臀尾部毛为黑色，其余各处为白色，故又称两头乌，是全国地方良种猪之一。金华猪皮薄骨细，肉质鲜美，肉间脂肪含量高，其后腿是腌制火腿的最佳原料。金华猪产仔多，母性好，泌乳量大，哺育率高，繁殖性能好。

八、东北民猪

东北民猪

1. 地域

黑龙江绥化兰西县。

2. 特点

东北民猪是东北地区一个古老的地方猪种，目前除少数边远地区农村养有少量大型和小型民猪外，群众主要饲养中型民猪。东北民猪具有产仔多、肉质好、抗寒、耐粗饲的突出优点，受到国内外的重视。全身被毛为黑色，体质强健，头中等大。面直长，耳大下垂。背腰较平、单脊，乳头7对以上。四肢粗壮，后躯斜窄，猪鬃良好，冬季密生棕红色绒毛。8月龄，公猪体重79.5kg，体长105cm，母猪体重90.3kg，体长112cm。

九、华南香猪

华南香猪

1. 地域

华南。

2. 特点

极为早熟、个性偏小，短、矮、宽圆是形体特点。背腰宽而下陷，腹大下垂，臀部较丰满，皮薄毛稀，没有绒毛。

十、高原香猪（藏猪）

高原香猪（藏猪）

1. 地域

高原西藏自治区（全书简称西藏）和青海。

2. 特点

猪个体很小，形似野猪，头窄长且呈锥形，嘴尖、耳朵小、竖立，腹部小而窄，背部微拱且窄，臀斜，四肢强健，蹄小坚实，反应灵敏，善于奔跑。

十一、中国养猪业引进的国外品种

1. 约克夏猪（大白猪）

约克夏猪原产英国北部约克郡及其临近地区，分大、中、小3种类型。小型猪已经淘汰，中约克夏猪亦称中白猪，大约克夏猪亦称大白猪，是肉用型猪。大白猪是国外饲养量最多的品种，也是我国最早引进，数量最多的猪种。大白猪全身白色，头颈较长，面宽微凹，耳中等大直立，体长背平直，胸宽深，臀部丰满，四肢粗壮较高。初产母猪窝产仔猪 11 头，经产母猪窝产仔猪 13 头。据铁岭种畜场测定，3 头 24 月龄公猪平均体重 262kg，体长 169cm。成年母猪 4 头，平均体重 224kg，体长 168cm。湖北省农业科学院畜牧研究所测定 190 头断奶仔猪饲养到 90kg 日增重 689g，饲料利用率 3.09。平均体重 91.03kg 的阉公猪 10 头，屠宰率 72.18%，胸腰间膘厚 1.77cm，眼肌面积 30.90cm^2，胴体瘦肉率 60.70%。丹麦种猪测定站报道，1983—1984 年度测定丹麦大白猪 670 群，25~90kg 生长育肥猪，平均日增重 914g，饲料利用率 2.44，胴体瘦肉率 65.2%。以大白猪为父本与我国地方猪种或培育品种为母本杂交取得较好效果。用大白公猪与民猪母猪杂交后代日增重 560g，饲料利用率 2.59。“大长白”杂交组合日增重 671g，胴体瘦肉率 58.2%。

2. 长白猪（兰德瑞斯猪）

长白猪原产于丹麦，原名毕德瑞斯猪。20 世纪 60 年代我国先后从法国、瑞典、英国、丹麦及加拿大等国引入。长白猪全身白色，耳长而向前倾，头和颈部较轻，背腰长，平直，后躯肌肉丰满，四肢较轻。湖北省农业科学院畜牧研究所报道，成年公猪 23 头平均体重 246.2kg，体长 175.4cm。成年母猪平均体重 218.7kg，体长 163.4cm。76 头生长育肥猪测定，从 23.16kg 到 96.02kg 日增重 607g，饲料利用率 2.95，1983 年测定丹麦长白猪 10 头胴体瘦肉率 68.15%，1984 年为 66.44%，1985 年为 67.44%。丹麦后裔测定报道，1983—1984 年度测定 411 群长白猪胴体瘦肉率 65.3%。我国各地多用长白公猪与本地母猪或培育猪种杂交，取得较好效果。如长白公猪与内江母猪杂交后代日增重 612g，饲养利用率 3.51。长白公猪与民猪母猪杂交后代日增重 517g，饲料利用率 2.64。

3. 杜洛克猪

杜洛克猪产于美国，全身棕红色，但深浅不一，有金黄色、深褐色等都是纯种。外貌头较小而清秀，耳中等大小前倾，面微凹，体躯深广，背平直或略呈弓形，后躯发育好，腿部肌肉丰满，四肢较长，生命力强，容易饲养。湖北三湖农场测定，成年公猪 8 头平均体重 254kg，体长 158cm，成年母猪 23 头平均体重 300kg，体长 157.9cm。丹麦种猪测定站报道，1983—1984 年度测定丹麦杜洛克猪 323 群，日增重 895g，饲料利用率 2.58，胴体瘦肉率 62.2%。湖南长沙市种猪场报道，杜洛克猪 10 头，平均体重 89.6kg，平均膘厚 1.63cm，瘦肉率 61.4%。杜洛克公猪与金华母猪杂交后代日增重 558g，饲料利用率 3.63。杜洛克公猪与长白杂交母猪杂交后代日增重 670g，饲料利用率 3.3~3.5。

4. 汉普夏猪

汉普夏猪产于美国，具有独特的毛色特征，在后腿和前腿部为白色，其他部位为黑色，有“银带猪”之称。嘴较长而直，且直立中等大小，背腰平直较长，肌肉发达，胴体品质好。湖南种猪场测定，从 25.6kg 到 97.6kg，日增重 697g，饲料利用率 2.95。体重 91.7kg 育肥猪 6 头，平均膘厚 1.76cm，眼肌面积 28.7cm，胴体瘦肉率 60.7%。1990 年世界养猪展览会测定，最后肋缘厚 2.77cm，第 10 肋眼肌面积 37.54cm^2。汉普夏公猪与金华母猪杂交后代日增重 589g，饲料利用率 3.69。

5. 皮特兰猪

皮特兰猪产于比利时。体躯呈方形，体宽而短，骨细四肢短，肌肉特别发达。毛色灰白有黑色斑块，耳中等大前倾。平均窝产仔猪 10 头左右。据报道，90kg 体重生长育肥猪胴体瘦肉率 66.9%，日增重 700g，饲料利用率 2.65。商品肉猪 90kg 以后生长速度显著降低。皮特兰猪应激反应严重，约有 50%的猪有氟烷隐性基因。用纯种皮特兰做父本杂交后易出现灰白肉（PSE肉），可用皮特兰猪与杜洛克或汉普夏猪杂交，杂交一代公猪再做杂交父本，这样既可提高瘦肉率又可减少灰白猪肉的出现。

种母猪是猪群繁殖的基础，种母猪的质量直接影响整个猪群的生产水平，只有选好种母猪才能生产出优良的后代，为实现高生产水平、高经济效益提供坚实的基础。科学合理地选种是提高种母猪质量的关键。确定适合自己猪场的品种，既能满足自己的生产条件，又适合生产目标。根据猪场的自身条件，若猪场经济实力雄厚，饲养水平高，技术过硬，可选择外种猪；反之，饲养粗放、设备简单、开放式猪舍选择本地品种的猪或经本地品种改良的猪种。

选种场必须具备国家核发的《种畜禽生产经营许可证》，有专业的育种技术人员，有完善的种猪系谱档案、防疫记录。同时选种场近期无重大疫情及扑灭情况，猪场的管理必须严格有序等。查系谱，从优秀的品系中，选择优秀的后裔做种母猪。看它的上一代、上两代，乃至上三代生产性能的优劣状况，了解父母及其直系亲缘关系的生产性能，以饲料利用率高、增重快、肉质好、产仔数多、母性好、泌乳力强的优良父母代的后代作为选择对象。

个体选择，看神态、外貌、乳头、是否符合品种特征。

（1）看神态：健康的猪活跃，目光明亮、灵活且有神，嗜睡的猪一般都是不健康的猪。

（2）看外貌：健康的猪被毛有光泽，品种特征明显，整体结构匀称，各部位间结合良好且自然，体质强健，四肢粗壮，无遗传缺陷。同时对部分疾病进行筛查，如皮肤病疥螨病皮肤会有瘙痒、增厚、结痂、脱毛等症状；拉稀会出现肛门发红，尾粘有稀粪等。萎缩性鼻炎颜面部变形，鼻部流出黏液或脓性物，甚至流出血样分泌物，眼眶下部出现一个半月形的泪痕湿润区等。

（3）看乳头：乳头排列应整齐均匀，有效乳头不得少于6对，无瞎奶。

（4）看是否符合品种特征：不同的品种有不同的品种特征。如长白猪、约克猪、杜洛克猪、荣昌猪都有明显的品种特征。长白猪：体躯长，被毛白色，鼻嘴狭长，耳较大向前倾或下垂；背腰平直，后躯发达，腿臀丰满，整体呈前轻后重，外观清秀美观，体质结实，四肢坚实。约克猪：被毛全白，耳向前直立；体躯长，背腰平直或微弓，腹线平，胸宽深，后躯宽长丰满。杜洛克猪：毛色棕红、结构匀称紧凑、四肢粗壮、体躯深广、肌肉发达，头大小适中，颜面稍凹、嘴筒短直，耳中等大小，向前倾，耳尖稍弯曲，胸宽深，背腰略呈拱形，腹线平直。荣昌猪：头大小适中，面微凹，耳中等大、下垂，额面皱纹横行、有漩毛；体躯较长，发育匀称，背腰微凹，腹大而深，臀部稍倾斜，四肢细致、结实；鬃毛洁白、刚韧。乳头6~7对。

研究表明，双肌臀猪的泌乳能力要比普通的猪泌乳能力差5%~10%。同时臀部大的猪容易发生难产，所以在选择公猪要侧重瘦肉率、胴体品质、肢蹄健壮度、生长速度、饲料报酬等性状。选择种母猪时则应侧重于产仔数、泌乳力及母性品质等方面的相关指标；虽然可以到多家猪场选种，即种源多、血缘远，但增大了引进疾病的风险；不能在疫病流行的地区确定选种场，在运输的过程中，容易感染生病，增大了疾病防控的风险。

哺乳阶段初选在窝产仔数高（12头以上），无死胎、木乃伊中选择，初生体重要高于本窝出生时的平均体重，20日龄时的体重要高于本窝20日龄时的平均体重，断奶时的体重要高于断奶时的平均体重。在20日龄时，把不符合品种特征，有遗传缺陷的仔猪阉割后转入育肥，全窝不留种；在一窝内仔猪容易生病，治疗时间长才治愈的也不留种。断奶时选择符合本品种特征，健康，乳头数排列整齐（6 对以上），生殖器官发育良好，四肢粗壮，无遗传缺陷，同时根据双亲的生产性能进行选留。

种公猪的选择，行为方面的性状，包括温驯及与繁殖性能（性成熟及性欲）有关的性状。繁殖性能包括亲代及同胞母猪的产仔数、泌乳力、母性等。仔猪 21 日龄窝重（泌乳力）及母猪发情至再配种的时间间隔，也是用来测定母猪生产性能的指标。行为性状和繁殖性状的遗传力较低，但在杂交方式上都能表现出较高的杂种优势。因此，当考虑这些性状选择公猪时，应该考虑该公猪的亲代记录、同胞的记录以及其他有关的记录。

饲料利用率性状，包括生长速度（日增重）和料重比。这些性状具有中等的遗传力（20%～50%），在杂交育种上也有中等水准的杂交优势（5%～15%）。当选择公猪的这些性状时，只需考察公猪本身的性状表现，其他亲缘猪只的记录不太重要。公猪的身体结构或胴体品质的评估，可以用背膘厚、眼肌面积及瘦肉率来确定。在这些测定之中，背膘厚是评定猪肥瘦程度最重要的指标。胴体性状具有相当高的遗传力，但是在杂交育种上却表现出很低的杂交优势。

因此，在选择公猪的这些性状时，只需考察公猪本身记录即可。与身体有关的性状，包括乳房部分（乳头间隔、乳头数目及乳头凹凸的情形）、脚部和腿部的健全、骨骼的大小和强度、遗传缺陷（隐睾）、配种能力（软鞭、短阴茎）。体型结构性状，包括体长、体深、体高及乳房部分，均有很突出的遗传力，但是却表现出很低的杂交优势。这些性状的经济重要性变异很大，在选择时要依照公猪本身的记录选拔。体型性状（结构健全、骨骼大小及骨骼强度）有很高的遗传力，同时杂交时有很突出的杂交优势，在经济价值方面有较高的重要性。选择公猪时，以公猪本身的记录为基础，同时注意其同胞的记录及其他相关的记录。

目前，绝大部分养殖户的公猪来源于纯种育种场，只有小部分是来源于商业性育种机构。无论是从何种途径购买的更新公猪，均是良好公猪来源，而且这 2 种来源的猪只都具有良好的经济性状。应注意如果把纯种猪和杂交猪作为有系统、有计划的育种计划时，那么杂交得到的子代性能也较好。因此，不必过分关心公猪来源问题，要重视公猪本身的性能记录资料。选择优良性能的公猪，可改进猪群的弱点，同时也可增进其优点。因此，高性能猪群的成功条件，就是使用性能优越的公猪。生产性能的记录，在公猪的选择上是十分重要的参考资料，种猪育种场都应保存完整的公猪记录，便于选购种公猪时参考。公猪的系谱记录上记载有公猪的祖先、血统，如果再把生产性能记录中的繁殖性能（例如泌乳能力、母性）等有关的性状也列在系谱中，也是非常有用的。购买的公猪必须来自健康的猪群。

第四节　不同时期猪的饲养管理及注意事项

一、哺乳期猪的饲养管理及注意事项

母猪生长期日粮同母猪怀孕期日粮一样，都会对初生仔猪的成活率和断奶仔猪的生长性能产生一定的影响。因此，必须给后备母猪饲以营养均衡的日粮，以保证其繁殖系统发育良好和产仔性能优异。怀孕母猪一定要饲喂优质日粮，以保证胎儿的正常生长和发育。然而在实际生产中，生产者往往容易错误地认为，只要在母猪分娩前 3～4 周开始饲喂优质饲料就可以了，所以仅从这时才开始换料，在此之前，则饲以较差的饲料以节省饲养成本。这样造成的后果是母猪得不到必需的营养成分，生出的小猪体质虚弱且死亡率高，断奶时仔猪体重小、外观差。在影响仔猪

成活率和断奶体重的诸多因素中，初生体重的作用最为显著。仔猪初生体重越大，则其断奶体重也越大，平均而言，初生体重每相差 1 磅*，断奶体重就可以相差 7.78 磅。而断奶体重较大的仔猪，其后期生产性能表现也较好。母猪早期的营养状况影响胚盘大小，胚盘越大，则仔猪的发育越好。在母猪怀孕 91～110d 时，饲喂高能日粮有助于增加仔猪体内的糖原水平，提高初生仔猪成活率。因为初生仔猪缺乏褐色脂肪，主要依靠肝脏中储存的糖原来提供能量。而出生时由于皮肤潮湿和本身皮下脂肪减少会使仔猪感到寒冷，需要依靠燃烧糖原来维持体温。所以此项措施有助于减少仔猪寒冷应激，提高仔猪成活率，促进仔猪生产性能的正常发挥。

哺乳期仔猪

哺乳仔猪补饲料基于两方面的考虑：一方面是补充仔猪快速生长的营养需要；另一方面是促进仔猪消化道发育和消化机能完善，减少仔猪断奶后完全采食固体饲料所造成的应激。

早期断奶仔猪的消化系统还不成熟，无法完全适应主要由谷物和油粕组成的日粮。为了使仔猪由断奶前吮乳为主，平稳地过

* 1 磅 = 0.45kg

渡到断奶后采食不易消化的以谷物为基础的固态饲料，就必须尽早提供优质的过渡日粮，任何能够缩短断奶前后这一适应期的日粮，都会给仔猪生长和仔猪生产者带来益处。使用开食料有利于仔猪断奶时日粮从母乳迅速转变为固体日粮，哺乳仔猪采食较多的开食料不仅体重更大，而且胃肠道发育更成熟，更容易适应断奶时日粮的改变，在断奶后生长更迅速。哺乳仔猪使用开食料是必要的，但开食料的使用效果受到多方面因素的影响，不正确地使用开食料，不仅达不到预期的目的，有时还会引起不良的效果，影响仔猪断奶以后的生长性能和健康。其中最主要的 3 个因素是：开食料的营养质量、开食料的采食量和开食料的抗原性。高营养质量、易消化、饲料抗原性低以及保证一定的总摄入量是使用开食料成功与否的关键。此外，开食料的使用还必须注意以下几个方面。

（1）开食料应该是仔猪喜欢采食并且容易消化的日粮。

（2）开食料的物理特性要适合仔猪的采食（片状、小颗粒状或碎屑状比粉状饲料更适合仔猪的采食）。

（3）所使用的开食料饲槽必须便于仔猪接近和采食。

（4）开食料饲槽应该放在仔猪不容易发生拥挤和碰撞的地方。

（5）开食料的投放应该遵循“少量多次”原则。

（6）饲槽应该保持清洁卫生，保证开食料新鲜，没有发酵的味道以及其他异味。经常彻底清理饲槽，要及时清除剩料。

（7）为促进仔猪采食开食料，每天应该适当地把母猪和仔猪分隔一定时间。

仔猪从出生的那天起就接触到各种微生物，包括环境中的和藏匿于母体内的病原微生物；一些常规管理措施，如断齿、阉割和断尾等，都会造成创口而给细菌感染敞开大门。

有效预防仔猪早期患病的措施包括以下几方面。

（1）确保仔猪的生命力。

（2）出生时控制好温度，避免过度寒冷。

（3）确保仔猪吃到初乳，尤其是出生后的最初 6h。

（4）维持良好的卫生条件，避免受到病原微生物的感染。

（5）采取谨慎的寄养措施。

（6）使用广谱抗生素（如先锋霉素）预防和有效治疗疾病。

以下主要从初乳的营养功能角度概述哺乳仔猪疾病防治。新生仔猪吃不到初乳是活不长的。初乳是一种高脂肪食物，它能帮助仔猪存活并使仔猪在断奶前迅速在体内积聚起脂肪。初乳还含有高水平的免疫球蛋白，从而能帮助新生仔猪在免疫系统尚未发育成熟之前战胜肠道病原微生物。仔猪肠道的成熟过程主要受营养和基因之间相互作用的控制，初乳和常乳都含有高水平的可促进肠道发育和成熟的生长因子。初乳在预防仔猪发生严重肠道疾病的过程中所起的作用比以前认为的更为复杂。将牛奶的不同成分分离出来，再将各个成分与分离出的大肠杆菌菌毛在一起培养。结果发现，在牛奶的各种成分中，有一种成分特别能预防菌毛的黏附作用，这种物质事实上并不是碳水化合物，而是 K-酪蛋白，这是一种分子很大的蛋白质，将其提纯后灌入肠道，如果灌入的时间正好是仔猪对大肠杆菌感染最严重的阶段，则有可能预防 K-88 大肠杆菌引起仔猪疾病。另外一点是球虫病越来越被认为是哺乳仔猪腹泻的主要病因之一。仔猪球虫病是由猪等孢球虫（*Isospora suis*）引起的，主要侵害幼猪。受害猪通常在 8~15 日龄发生腹泻，所以此病也被称为“10 日下痢”。越来越多的研究证明，母乳质量的好坏直接关系到球虫病是否发生，从而提醒我们，母猪尤其是妊娠母猪的营养不容忽视。由于对母猪的有效免疫，新生仔猪的大肠杆菌性腹泻已经不太常见，因此仔猪尽快吃到充足的初乳即可得到保护。然而不能忽视各种致病因子对存活仔猪的影响。近期研究结果证明，有计划地在断奶前的保健方案中使用广谱抗生素先锋霉素，不仅可以使仔猪保持一个健康的体态，提高饲料转化率和仔猪日增重，而且有助于提高仔猪抵抗疾病的能力，降低仔猪死亡率。这种抗生素对于造成仔猪断奶前死亡的所有病原菌都有效，并且使用 10 年以来尚未出现耐药性。在高发病地区进行预防投药，可以显著提高仔猪的健康水平，而且其使用量比出现临床症状后治疗使用的抗菌药物总量要少得多。虽然抗生素保健方案作为一种保健管理工具能够增强优良管理措施的效果，然而这样的方案绝对不能够取代优良的管理和兽医措施。养猪者应该意识到，无论在断奶前是否实施抗生素添加方案，都绝对不能忽视关键的管理措施，如全进全出制、严格的生物安全措施、猪群免疫接种以及早期隔离断奶等。

研究表明，仔猪任何日龄断奶都会存在应激反应，但是为了提高母猪的繁殖率和年产仔数、提高分娩猪舍的利用率、降低仔猪的生产成本和有效控制疾病，养猪者还是希望仔猪尽早断奶。近几十年来，随着研究的深入，仔猪断奶日龄已经从 7~8 周龄缩短到了 3~4 周龄，而在北美养猪业中，14d 或更短的日龄断奶正在得到越来越广泛的应用。确定仔猪适宜断奶日龄时需要考虑的因素比较多，主要包括仔猪本身消化系统的成熟程度和免疫系统的成熟程度，母猪的利用效率和年生产能力的提高程度，猪场的配套设施质量及完备程度等。仔猪消化系统成熟程度的衡量指标是胃肠道的吸收能力、消化酶和胃酸的分泌能力。

在仔猪生长阶段，胃肠道组织的生长发育快于其他组织，整个消化道发育在 20~70 日龄速度最快；消化道的迅速生长表明其吸收能力在逐渐增强，从这一点来看，仔猪的断奶应该在 20 日龄以后。一般而言，仔猪消化酶活性随着日龄的增长而增强，0~25 日龄仔猪的乳糖酶活性很高；21 日龄后淀粉酶和麦芽糖酶的活性开始上升；未断奶仔猪 0~5 周龄肠道中的脂肪酶活性逐周几乎成倍增长，但 3~5 周龄断奶其活性则不增长，经 1~2 周后才恢复；28 日龄断奶时，胰脂肪酶、小肠胰蛋白酶、空肠糜蛋白酶在断奶后活性不降低或降低后更容易恢复到或超过原有水平，但是 17 日龄或者 21 日龄断奶似乎更有利于促使胰淀粉酶向空肠释放。因此，从消化酶活性的角度上看，3 周龄断奶似乎更有利一些。

仔猪一般到 8 周龄以后才会有较为完整的胃酸分泌能力，严重影响 8 周龄以前断奶仔猪对日粮蛋白质的充分消化，然而这一因素对仔猪断奶日龄的限制可以通过在断奶仔猪日粮中添加酸制剂或对饲料原料进行酸化处理来解决，因此胃酸分泌能力对仔猪断奶日龄的影响并不显著。仔猪免疫系统，特别是来自母源的被动免疫，在仔猪早期抵抗外来病原的侵害中发挥重要作用。但是 3 周龄以后，仔猪获得的被动免疫处于最低水平，到 4~5 周龄时自身免疫系统才开始发挥作用。从此意义上讲，仔猪断奶日龄似乎至少应该控制在 4 周龄以后。然而近年来北美兴起的仔猪早期隔离断奶则采用了早期母仔分养而阻断疾病循环的方法。从预防的角度讲，10 日龄内断奶可有效预防猪链球菌病或猪繁殖与呼吸综合征；12 日龄内断奶可预防沙门氏菌病；14 日龄内断奶可预防巴氏杆菌病和支原体病；21 日龄断奶可预防伪狂犬病和放线杆菌病。然而英国的一项调查表明，英国猪场仔猪在 19~32 日龄断奶的占 92%，而 19 日龄前断奶的所占比例很少，2 周龄内断奶更不切合实际。欲使母猪一年内尽可能多地提供仔猪，撇开遗传因素，唯一的办法是通过缩短母猪的泌乳期而增加其年产胎数来实现。然而，通过缩短母猪的泌乳期来增加年产仔数的措施并不是绝对的，也存在一定的限度。实践证明，泌乳期为 28~45d，对断奶后母猪的发情、配种时间和受胎率无明显影响。如断奶过早，母猪的繁殖性能就会受到不良影响。此外，超早期断奶还会缩短母猪的繁殖寿命。优良配套设施不仅包括合理的猪舍设计和养猪设备及完善的饲养管理，还包括断奶前的适时补料和断奶后饲喂体系的正确选择。断奶前的适时补料可以促进仔猪的发育，早日达到断奶要求，从而达到提前断奶的目的。而目前由于喷雾干燥血浆蛋白粉和喷雾干燥血粉等血液制品的开发和利用，断奶仔猪的阶段饲喂已经从二阶段转变到了三阶段，最近有人甚至提出了四阶段饲喂方法。这些新喂法可以接受仔猪的更小体重断奶，即可以将仔猪的断奶日龄随之适当提前。

综上所述，只要具备早期断奶仔猪生长和育肥的各项饲养管理条件，就可以尽早进行断奶（18~23 日龄）。而根据我国目前大多数猪场的情况，建议 28 日龄左右断奶。

早期断奶仔猪腹泻发生的原因主要包括以下几方面。

（1）消化器官功能不发达。

（2）消化酶活性降低。

（3）免疫功能不健全。

（4）断奶应激。

（5）病原微生物的感染。

这里将主要介绍如何通过日粮调控有效防止腹泻病的发生。

饲粮蛋白质水平及组成与早期断奶仔猪腹泻密切相关。一般而言，断奶仔猪饲料的适宜粗蛋白水平应在 18%左右，但蛋白质来源不同，日粮适宜的粗蛋白水平也不同。选择早期断奶仔猪的蛋白质来源时，不但要考虑蛋白质的消化率、适口性，还要考虑氨基酸的平衡性和能否为仔猪提供最佳免疫力等方面。

早期断奶仔猪由于消化道及其酶系统发育不健全，因此不适应植物性蛋白质高的日粮，但可较好地利用乳蛋白和高消化性动物蛋白质。所以应用动物性蛋白质饲料并通过平衡氨基酸来降低饲粮蛋白质水平可降低仔猪断奶后腹泻的发生率，而且还可以改善饲料的利用率，提高仔猪的生长性能。此外，由于蛋白质是日粮主要抗原物质的来源之一，因此还应注意饲粮蛋白质的品质，减少饲料中的抗原因子和过敏性物质，防止异常性免疫反应的发生。饲喂早期断奶仔猪的大多数日粮包括脱脂粉、乳清蛋白精料、鱼粉、喷雾干燥猪血粉、豆粕以及进一步加工的豆制品。其中，喷雾干燥猪血浆蛋白粉被认为是早期断奶仔猪日粮中唯一的必需蛋白质饲料。喷雾干燥猪血浆粉一方面可以作为仔猪的免疫球蛋白来源，另一方面还可以起到香味剂的作用。然而猪血浆蛋白粉中的必需氨基酸，如蛋氨酸和异亮氨酸含量相对较低，因此在日粮中使用时必须注意使这两种氨基酸含量达到正常水平。

研究表明，早期断奶仔猪的日粮中需要简单的碳水化合物，如乳糖；而像淀粉这样的碳水化合物则很少会被仔猪利用。乳糖适宜断奶仔猪在于其甜度高、适口性好、易于消化，而更主要的作用在于其发酵产酸能够维持仔猪的肠道健康。乳糖与其他的糖类不同，乳糖是肠道乳酸杆菌的最佳营养来源，而其他菌类则不能利用乳糖。这一特性表明，乳糖在有效防止断奶仔猪腹泻发生方面起着不可低估的作用。乳糖通常的推荐量是：在2.2~5.0kg仔猪的日粮中占18%~25%，在5.0~7.0kg仔猪的日粮中占15%~20%，在7.0~11.0kg仔猪的日粮中占10%。由乳糖使用得到的启发是，可以将能够合成的并能被肠道内益生菌利用的糖类添加到饲料中，可能是维持仔猪肠道健康的良好方法。非淀粉多糖即为其中之一，非淀粉多糖不易直接被仔猪消化利用，但可作为肠道内益生菌株的能量来源，有利于维持肠道微生物区系的平衡，防止消化功能紊乱。另有报道证实，给仔猪饲喂植物多糖或甜菜渣纤维可降低仔猪断奶后腹泻的发生率。此外，最近的研究表明，寡糖类如甘露糖、果聚糖和β-葡聚糖等具有抵抗仔猪特殊病原体的能力，对于断奶仔猪腹泻具有明显的抑制作用。

仔猪断奶时的消化器官不够发达，消化机能不够完善，胃酸分泌量降低，直到断奶3~4周后，胃酸分泌才达到正常水平，严重影响仔猪对蛋白质特别是植物性蛋白质的消化能力。而断奶仔猪日粮中含有的鱼粉、豆粕及矿物质混合物等具有较高酸结合

断奶仔猪

力的成分，也会中和胃内的酸度，使胃内 pH 值升高，不仅会影响胃蛋白酶消化作用的有效发挥，而且还会为病原菌提供适宜的繁殖环境。因此，应在断奶仔猪日粮中适当添加酸化剂。添加酸化剂对仔猪日增重的影响随酸化剂的种类及仔猪的日龄而有所不同。复合酸化剂比单一酸化剂效果好而稳定，且用量小；酸化剂在仔猪 4 周龄前使用效果不明显，4~5 周龄效果最好，6 周龄以后效果减弱。对于泌乳力差的母猪，应该促使仔猪早采食、多采食，以增强酸化剂的使用效果。目前市场上酸化剂种类较多，如磷酸、盐酸、柠檬酸及延胡索酸等，对于防治仔猪腹泻、提高仔猪生产性能以及减轻仔猪断奶应激都有一定的作用。实际生产中使用比较多的是柠檬酸，其在仔猪日粮中的添加量可达到 1.5%，使用效果显著。从理论上来讲，在仔猪日粮中添加酸化剂可以提高日粮的酸度，降低仔猪胃内的 pH 值，增强仔猪的消化吸收功能和健康状况，从而减轻仔猪的腹泻，改善仔猪的生产性能。但实际应用中却存在一定差异。这可能与酸化剂使用者的基础日粮成分、酸化剂的种类和添加剂量、酸化剂使用对象的年龄、体重以及酸化剂和其他营养素可能存在的协同或拮抗作用有关。这也从一个侧面反映出，酸化剂的应用研究还有待进一步的深入。

中草药添加剂和益生菌添加剂对断奶仔猪腹泻具有良好的防治作用，中草药中含有多种生物活性成分，作为饲料添加剂，具有增强动物营养，改善动物机体代谢的功能。中草药可以同时提高仔猪的体液免疫和细胞免疫，而且以提高体液免疫为主。中草药对早期断奶仔猪腹泻确有较好防治效果，虽然早期断奶仔猪的生理特点和中草药疗效慢以及使用剂量大等限制了中草药添加剂的使用，但中草药添加剂防治断奶仔猪腹泻已经表现出了明显的优势，具有广阔的开发应用前景。益生菌是猪肠道内的正常菌群，具有在胃肠道内产生有机酸或其他物质来抑制致病性细菌的能力，进而可以降低断奶仔猪的腹泻病发生。目前使用较多的益生菌主要有乳酸杆菌、芽孢杆菌、链球菌和酵母菌，其使用效果与使用时间、动物应激程度、动物年龄等诸多因素有关，一般在饲养环境较差时使用效果较好。

L-谷氨酰胺（Glutamine，Gln）是动物血液和母猪乳汁中一种含量非常丰富的氨基酸。L-谷氨酰氨是谷氨酸的衍生物，一般情况下并不被认为是仔猪日粮中的必需成分。然而无论是在动物还是在人体上的研究都表明，L-谷氨酰氨在应激时可以保护肠黏膜免受损伤，并且它也可能是免疫系统抗体分泌细胞的能量来源。莫斯科的研究者用L-谷氨酰氨做了一系列的试验，结果表明，L-谷氨酰氨对于仔猪疾病抵抗力具有提高作用。

乳制品在幼畜日粮中起着重要的作用，仔猪很容易就可利用乳糖作为主要的能量来源。最近来自美国的研究证实，2~3周龄断奶的仔猪可和有效利用乳糖一样，同样好地利用蔗糖。在他们的试验中，仔猪在3周龄断奶，进行两阶段饲喂，全乳糖日粮中的乳糖含量为20%，乳糖和蔗糖的比例分别是100：0、75：25、50：50、25：75、0：100。结果表明，蔗糖可有效替代断奶仔猪日粮中50%的乳糖，然而当日粮中的蔗糖比例大于50%时，仔猪的生产性能下降，尤其是在阶段 1 的饲养中。此外，在利用含糖副产品所做的试验中也得出结论，即将乳糖和其他简单糖类（如果糖、葡萄糖和麦芽糖等）加入断奶仔猪日粮中会产生一定的协同作用。甜菜或者甘蔗糖蜜很少用于断奶仔猪日粮中，即使使用，用量也不会超过 5%~8%。这种情况下，糖蜜是作为甜味剂用于日粮的颗粒制造的。然而糖蜜中含有约 50% 的蔗糖及游离的葡萄糖和果糖，这可有效替代断奶仔猪日粮中昂贵的乳糖。

二、哺乳仔猪的饲养管理及注意事项

哺乳仔猪是指未断奶的仔猪，一般均在 30 日龄以内，期间主要以母乳为营养供应来源。仔猪哺乳阶段非常重要，如果饲养管理不严格，在后期进入保育和育肥阶段后很容易出现生产性能不佳的状况。

哺乳仔猪是指从出生到断奶阶段的猪，此阶段猪有个特点，就是对母猪特别依赖，独立行为能力差。由于仔猪的大脑皮层发育不健全，中枢神经系统调节能力差，特别是对体温的调节，很容易出现体温波动。仔猪皮薄、被毛少、脂肪储存量不足，寒冷季节很容易受到影响。哺乳期的仔猪各系统处于发育阶段，特别是免疫系统，整体免疫机能还未完全建立，因此，母猪妊娠前和妊娠期间的疫苗种类直接决定着母源抗体种类。实践证明，仔猪传染性疫病发病情况直接和母猪有很大关系。

哺乳仔猪健康状况和母猪健康状况有很大关系，由于哺乳期间的仔猪主要依靠母乳来补充营养，如果母猪饲养管理不到位，分娩后泌乳不足，母源抗体含量低，产后发生子宫内膜炎和乳房炎，母性不强，不愿意照顾仔猪或其他原因造成的母猪疾病等均会影响哺乳行为。某些传染性疾病的病原甚至能经过乳汁进入仔猪体内，故务必保证母猪健康。

哺乳仔猪发病最多的是肠道病，尤其是传染性胃肠炎、流行性腹泻、仔猪黄白痢、轮状病毒感染及球虫病等，均与消毒管理息息相关。哺乳仔猪的消毒主要分为环境消毒和母猪乳房局部消毒。正常猪舍环境中会存在大量病原微生物，未分娩前，仔猪和这些病原无直接接触，分娩后，如果胃肠道没有及时定植益生菌而是先侵入有害菌，会发生肠道病，尤其是长期受肠道病困扰的猪场，疫病长年累月难以根除，根本原因在于环境消毒未做到位。母猪乳房局部消毒对仔猪来讲也非常重要，仔猪出生后第一口初乳很关键，吃初乳前必须先将乳房局部消毒，避免病原菌经乳头进入体内。

哺乳仔猪

仔猪出生后必须按程序进行免疫和用药保健，常受猪瘟困扰的猪场仔猪在吃初乳前可进行超前免疫，以避开母源抗体干扰。出生后的第 3d 可进行伪狂犬疫苗的滴鼻，通过病毒提前占位效应以避免野毒通过呼吸道传染。1 周龄以内的仔猪必须补充铁制剂，常用牲血素，避免仔猪发生贫血而影响生长和机体代谢。有流行性腹泻和传染性胃肠炎发病史的猪场，仔猪出生后可口服蒜酊进行肠道保护。大肠杆菌发病严重的猪场，在仔猪出生后可灌服液态微生态制剂，让益生菌提前在肠道中占位，防止仔猪黄白痢的发生。其他疫苗免疫可根据情况最好在 25 日龄之后进行免疫，防止母源抗体形成干扰。

母猪血清中存在多种免疫球蛋白，主要以抗体 IgG 为主，这种抗体不能通过胎盘传给胎儿，限制了母源抗体通过血液向胎儿的转移，且初生仔猪由于免疫系统未发育完全，自身不能产生抗体，使仔猪出生后基本没有先天免疫力。母猪体内的血清免疫球蛋白必须经过母乳的分泌作用，在仔猪吃乳后经过口腔进入仔猪体内，免疫球蛋白在乳汁的前期含量最高，即初乳中含有大量保护仔猪的免疫球蛋白，吃足初乳的仔猪哺乳期间能得到母源抗体的保护，疾病发生概率很小，即使断奶进入保育阶段和育肥阶段后，整体生产性能也会表现得比较优异，故仔猪出生后务必吃到初乳。

哺乳期间的仔猪并不是全都吃母乳，第 10 日龄时可以适当让其接触饲料，只需要稍微撒些供其识别即可，量不能太多，防止出现饲料应激。早期仔猪胃肠道并未发育完全，特别是肠道中的微生态系统还未建立，仅有的菌群以消化母乳为主，适当接触饲料可以帮助菌群逐渐调整，以至在断奶时不会发生饲料应激。值得一提的是，仔猪哺乳期间接触饲料前期要以教槽料为主，量逐渐增大，断奶前 3d 逐渐掺入保育料，保证断奶后防止饲料应激的出现。要想仔猪平稳度过哺乳阶段，必须像照顾婴儿一样细心饲养。基层很多养殖场仔猪成活率低，疾病多发，多与养殖理念有关。必须树立“养大于防、防大于治”的养殖理念，用心去呵护仔猪成长，从细节抓管理，才能使仔猪平稳度过哺乳期。

三、保育期猪的饲养管理及注意事项

哺乳仔猪的饲养水平直接影响到保育阶段的饲养管理，所以提供健康、均匀的断奶仔猪对保育舍的生产有帮助。保证每头仔猪吃到足够的初乳，仔猪在哺乳期和保育初期只能靠被动免疫获得抗体从而增强抵抗力，减少保育期部分疾病的发生。补铁应采

用铁剂。在仔猪出生第 2d，肌内注射右旋糖酐铁注射液，1mL/头；预防腹泻应采用“三针保健计划”，用土霉素在仔猪出生第 2、第 7、第 21d 分别肌内注射 20mg/头、20mg/头、40mg/头。也可以根据本场的实际情况在仔猪可能腹泻开始之前 2～3d 注射土霉素 20mg/头，间隔 5～7d 再注射 1 次，断奶前 1d 注射 40mg/头。母乳满足仔猪营养需求量是 3 周龄 97%，4 周龄为 37%，所以只有成功训练仔猪早开食才能缓解其 4 周龄后的营养供求矛盾。通过开食训练、刺激仔猪胃肠发育和分泌机能的完善，保证降低断奶仔猪的应激。仔猪应在第 3～5d 开始诱食，在保温箱内撒上少许教槽料，几天后可改用料槽，料槽必须每天 2 次清洁消毒后再用。试验表明，仔猪断奶前采食饲料 500g 以上，才能减轻断奶后由于饲料中蛋白引起的小肠绒毛萎缩、损伤，所以在哺乳期应花大量的时间帮助仔猪开食补料。

断奶后的头 2 周必须使用全价优质饲料，其要求是高能量、优质蛋白质、易消化、适口性好、营养全价。断奶仔猪在营养方面受到应激，小肠绒毛萎缩、损伤，各种消化酶活性下降，如果使用质量差的饲料造成猪消化不良、采食少、腹泻、掉膘、抵抗力下降，各种疾病都会在此时表现出来。目前许多猪场只计较目前购买高档饲料需要花的钱数，而不看饲养效果，结果却得不到理想效果。仔猪断奶后由采食母乳突然改变到采食固体饲料，造成应激，所以在此时饲养应注意给料的形态，可以使用湿拌料，即用 2 份水拌 1 份饲料。料中可加入奶粉、葡萄糖、多种维生素等，并且少量多餐，每天饲喂 5～6 次，可以缓解断奶应激，增加仔猪的采食，从而在这个阶段获得更大的增重。

仔猪断奶后转入保育舍，仍然对温度的要求较高，一般刚断奶仔猪要求舍内温度 30℃，以后每周降 3～4℃，直到降到 22～24℃。断奶仔猪保温可以减少寒冷应激，从而减少断奶后腹泻以及因寒冷引起其他疾病的发生。在保温时应当尽量使用对保育舍环境没有影响的热源，如红外线保温灯、电热板、水暖等保温设备，尽量不使用碳、煤等对空气质量影响大的热源。降低饲养密度，使每头保育仔猪有 0.3～0.4m^2 的空间。许多猪场在猪价高的时候不按饲养能力进行补栏，造成饲养密度大，舍内空气质量差，呼吸道疾病发生增多。加强通风，降低舍内氨气、二氧化碳等有害气体的浓度，减少对仔猪呼吸道的刺激物质，从而减少呼吸道疾病的发生。经常清理猪粪，清扫猪舍，减少冲洗的次数，使舍内空气湿度控制在60%～70%。湿度过大会造成腹泻、皮肤病的发生，而湿度过小会造成舍内粉尘增多而诱发呼吸道疾病。

残次猪生长受阻，即使存活，养成后出售也需要较长的时间和较多的饲料，结果造成一定的损失。残次猪大多数可能是带毒猪，存在保育舍中是健康猪的传染源，对健康猪构成很大的威胁。这种猪越多，保育舍内病原微生物越多，其他健康猪就越容易感染疾病。残次猪在饲养治疗的过程中占用饲养员很多的时间，造成恶性循环。照顾残次猪时间越多，花在健康猪群的时间就越少，以后残次猪就不断出现，而且越来越多。

对仔猪进行饮水投药保健，断奶仔猪一般采食量较少，一些仔猪前几天根本不采食饲料，所以在饲料中使用药保健达不到理想的效果，饮水投药则可以避免这些问题，而达到较好的效果。在保育期第 1 周可以加入支原净 60g+电解多维 500g+葡萄糖 1kg/t 水，能够有效预防呼吸道疾病的发生。

接种的应激常由注射引起，应激可以降低仔猪的采食量，影响猪免疫系统的发育，过多的注射疫苗甚至会抑制免疫应答。因此，在保育期应尽量减少疫苗的注射，应以猪瘟、口蹄疫为基础，根据猪场的实际情况来决定疫苗的使用。

栏内猪只转出后，对所有用具、栏舍、设备表面进行消毒并保证充分浸润一段时间。使用高压清洗机彻底冲洗地面、高床、饮水器、食槽等，直到所有地方都干净为止。在所有用具都干燥

断奶仔猪

后，选用高效、广谱、刺激性小的消毒药消毒。消毒结束 2~3d 后再用火焰将猪栏消毒 1 次，空置 1 周，再转入其他猪。带猪消毒当天将猪舍内所有杂物清理干净，包括猪粪、灰尘、蜘蛛网等。待干燥后用高效、广谱、刺激性小的消毒药对保育舍内、外进行彻底的消毒。

按照全进全出的饲养方法，在实际操作中可以将 1 个保育舍划分为若干区域，每个区域为独立空间，可以假设为 1 个小单元。同区域内转入同周断奶的仔猪，将这个区域的仔猪完全转出后，经过彻底的消毒再进猪。

四、育肥猪的饲养管理及注意事项

猪在生长育肥猪阶段可以根据其生理特点和生长发育规律将其分为两个阶段，通常按体重来划分，其中 20~60kg 为生长期，60kg 到出栏为育肥期。在生长期，猪仍处于生长发育的阶段，机体的各组织器官的生长发育还不够完善，尤其是刚从保育舍转入育肥舍的仔猪，消化系统以及其功能发育还不健全，消化液中的某些有效成分还不能满足猪的需要，从而导致一些营养物质不能很好地被吸收和利用。除此这外，这一阶段的猪对外界环境的抵抗力较差，仍处于不断的完善阶段，易感染多种疾病。这一阶段的猪主要是以骨骼和肌肉的生长为主，脂肪的增长较为缓慢。

育肥猪

育肥期的猪各组织器官的发育已经基本完善，尤其是消化系统，对饲料的消化能力得到了很大的改善，机体对外界的抵抗能力也逐渐地提高，可快速地适应外界环境的变化。这一阶段猪的骨骼已发育完全，肌肉的生长速度也较为缓慢，脂肪的沉积速度较为旺盛。

生长育肥猪的生长速度快、饲料利用率高，并且猪肉的品质好，则获得的经济效益高，因此要根据生长育肥猪的营养需要来提供适宜的营养，以提高猪肉品质，降低料肉比。猪一般情况下能量的摄入量较高，增重的速度越快，饲料利用率也就越高，脂肪的沉积量也相应地增加，但是瘦肉率则会降低，胴体的品质变差。

因此，能量的供应也不是越高越好，生长育肥猪对蛋白质的需要更为复杂，蛋白质的供应不但要满足猪对蛋白质的需要，还要充分考虑氨基酸间的平衡与利用率，适宜的蛋白质可以有效地改善猪肉品质，因此生长育肥猪的日粮要有适宜的能蛋比。除了能量和蛋白质外，还要注意其他营养物质，如矿物质、维生素、微量元素以及纤维素的供应量。矿物质和维生素同样是猪正常生长发育和增重的必需营养物质，如果缺乏或者不足不但会影响猪的增重，还会危及生长育肥猪的健康，导致机体代谢紊乱，严重时会导致死亡发生。一般在生长期为了满足肌肉和骨骼快速增长的营养需要，日粮中蛋白质、钙、磷的水平要相对高一些，粗蛋白水平为16%～18%，钙为0.5%～0.55%，磷为0.41%～0.46%。在育肥期为了避免体内脂肪沉积过量则要控制能量的水平，同时减少日粮中的蛋白质水平，粗蛋白水平为13%～15%，钙为0.46%，磷为0.37%。虽然猪对粗纤维的利用率有限，但是日粮中也需要一定量的粗纤维，一方面可预防便秘，另一方面可以在限饲时增加饱腹感。但是不可使用过量，否则会导致饲料的适口性下降，从而造成生长育肥猪的采食量下降，影响生长发育和增重。

首先要提供适宜的日粮，保证营养物质的摄入量，这就需要日粮搭配合理且多样，以达到多种营养物质互补的作用，提高蛋白质等营养物质的消化率和利用率。要注意根据生长育肥猪不同阶段对营养的不同需求来提供营养物质。进行合理的饲喂，饲喂要注意定时、定量、定质。每天在固定的时间按固定的次数饲喂，这样利于管理，可提高猪的食欲和饲料利用率。每天的饲喂次数要根据具体的饲料种类来确定，如果以精料为主，可每天喂2～3次，如果青粗饲料的饲喂量较多，则可适当地每天加喂1～2次。另外，还要根据不同的季节来调整饲喂时间和饲喂量，如夏季昼长夜短，可在白天增喂1次，而冬季昼短夜长，则要在夜间加喂1次。饲喂量要根据猪的食欲以及生长发育情况及时地调整，保证猪吃八九成饱即可，以使其保持旺盛的食欲。生长育肥猪的饲养方式主要有自由采食和限制饲喂，具体选择何种饲养方式要根据市场的需要以及猪的品种来确定。自由采食对增重速度有利，胴体品质较差，而限制饲喂的饲料利用率和胴体瘦肉率高，但是增重速度较慢。

育肥猪

目前，大多数养猪场将两种饲养方式结合起来，在前期采用自由采食的方式，后期则采用限制饲喂，可达到理想的育肥效果。加强生长育肥猪的管理工作，在育肥前要根据品种、性别、体重、采食情况等进行合理的分群，以保证猪群生长发育均匀，避免出现以大欺小、以强欺弱的现象。分群饲养后对猪群进行调整，让其养成在固定的地点吃食、睡觉和排泄，这样不但便于管理，还可保持圈舍卫生，减少疾病的发生。加强日常的管理。做好夏季的防暑和冬季的御寒工作，注意保持猪舍卫生清洁、干燥，做好通风换气的工作，保持猪舍空气新鲜。在育肥过程中要避免猪群运动过量，以免消耗体能，另外还要做好防应激的工作。加强疾病的预防工作。虽然生长育肥阶段猪抗病能力加强，但是同样要加强疾病的防控工作。为了提高饲料的利用率，增加增重速度要在催肥前进行一次驱虫。加强环境卫生的清理，做好定期的消毒工作，另外，还要根据免疫程序接种相关的疫苗，并做好疫情的监测工作。

第二章　肉牛的饲养管理

第一节　影响肉牛生长的重要营养成分

肉牛生长发育和增重所需营养物质主要包括能量、蛋白质、粗纤维、矿物质及维生素，各营养物质对肉牛的生长发育、生命活动、增重及繁殖等方面都起着重要的作用，如果缺乏或者不足都会对肉牛产生不良的影响。下面具体介绍一下肉牛的营养标准、肉牛日粮中的几类营养要素。

一、能量

肉牛所需要的能量主要来源于饲料中的碳水化合物，除此之外，还有部分来源于饲料中的脂肪和蛋白质。最重要的则是碳水化合物，是饲料中的粗纤维、淀粉等营养物质在肉牛瘤胃中发酵所得的挥发性脂肪酸中得到的。脂肪的能量虽高，但是作为饲料中的能源来说则不占主要地位；蛋白质虽然也可产生能量，但是成本较高，因此，从资源的合理利用和经济效益这两方面考虑，碳水化合物可为肉牛提供充足的能量，配制肉牛日粮更为经济。能量对于肉牛的生产性能影响非常大，当日粮的能量水平过低时，则不能满足肉牛的生长发育和增重的需求，生产力和健康水平均会下降。肉牛在生长期能量不足则会生长停滞。因此，合理的能量水平对于提高肉牛的饲料利用率，保证肉牛的健康，以及提高肉牛的生产性能和繁殖力方面都非常的重要。

二、蛋白质

蛋白质是生命的重要物质基础，主要成分是碳、氮、氧、氢，有的还含有少量的硫、磷、锌、铁等。蛋白质是唯一能提供氮的营养物质，其作用是其他营养物质所不能代替的。蛋白质参与了正常的生命活动，构成了机体组织，肌肉、内脏、血液等都是由蛋白质构成的。另外，蛋白质还是体内多种活性物质的组成成分，如酶、抗体等，这些都是以蛋白质为原料而合成的，并且起着重要的作用。另外，蛋白质还是形成牛产品的重要物质，如肉和乳的主要成分都是蛋白质。

当肉牛日粮中缺乏蛋白质会导致生长发育阶段的牛生长缓慢甚至停止生长，育肥阶段的肉牛则增重缓慢，甚至体重减轻，影响育肥效果。如果肉牛长期地缺乏蛋白质，还会发生血红蛋白减少的贫血症，而当血液中的免疫球蛋白的数量不足时，则会使肉牛的抗病能力下降，易患多种疾病，生产性能也随之下降。蛋白质缺乏的肉牛食欲较差，消化能力降低，繁殖母牛则表现为发情异常，不排卵，配种受胎率降低，胎儿的生长发育不良，使母牛的繁殖机能下降。为了使肉牛获得充足的蛋白质，在饲喂时不能单纯地饲喂粗饲料，同时还要适当地补充一定量的精饲料，如饼粕类饲料。但是要注意不可补充过多，因为过多的蛋白质不但会增加养殖成本，还对机体有害，加重了肝、肾的负担，易出现中毒反应。

三、粗纤维

粗纤维是反刍动物主要的能源物质，并且可以确保肉牛瘤胃的健康，是不可缺少的营养物质，是由纤维素、半纤维素、木质素及果胶组成的混合物。粗纤维的体积大，吸水性较强，不易消化，可以填充胃肠道，使牛产生饱腹感，还可以有效地刺激肉牛的胃肠道，促进胃肠道的蠕动，保证了消化系统的正常运作，避免了便秘的发生，确保了肠道的健康。但是饲喂肉牛时并不是完全地饲喂粗饲料就是最好，要进行合理的粗精搭配。根据肉牛不同的生长发育阶段确定最佳粗精比例，掌握肉牛瘤胃最佳的发酵状态，以发挥最佳的生产性能。尤其是对于犊牛和育肥后期的牛，更不应饲喂过量的粗纤维，但是也不可过量地饲喂精饲料，否则易引起肉牛发生代谢紊乱，影响瘤胃的健康。

四、矿物质

矿物质是维持体组织、细胞代谢以及正常生理功能所必需的营养物质，种类较多，较为常见的为钙、磷、食盐以及一些微量元素等。如果日粮中缺乏钙，会影响到肉牛骨骼的发育，易使幼龄牛生长停滞，发生佝偻病；成年牛则易发生骨质疏松症；母牛易发生难产、产后瘫痪、胎衣不下及子宫脱出等生殖系统疾病。而磷的缺乏则会导致肉牛的食欲减退，出现异食癖。矿物质元素的含量过高同样对肉牛的健康不利，高钙会影响日粮中其他营养物质的消化吸收，并且如果钙、磷的比例不合理还会影响肉牛的生产性能。

日粮中的微量元素虽然含量较为微少，但是作用非常大，如果缺乏会引发肉牛一系列的不良反应，如缺铜则会导致肉牛的体重减轻，胚胎出现早期死亡；缺钴肉牛表现为食欲下降，逐渐消瘦，生长发育受阻，增重缓慢，生产力下降；锌作为多种酶的构成成分，缺乏则会使肉牛的消化机能紊乱，使生产性能下降；而硒的缺乏则使肉牛发生白肌病，还会导致母牛出现繁殖障碍。

五、维生素

维生素分为脂溶性和水溶性，其中脂溶性维生素包括维生素A、维生素D、维生素E和维生素K。如果在饲草饲料较为丰富的情况下，肉牛一般不缺乏以上维生素，但是在冬春季节饲草饲料较为短缺时则要注意适当的补充，如果肉牛缺乏这些维生素会影响到健康和生产性能。如肉牛缺乏维生素 A 则会出现食欲减退、生长发育受阻、夜盲、繁殖力下降等，但是过量则会导致中毒；维生素 D 缺乏则会导致肉牛发生骨质疏松症、佝偻病和产后瘫痪等，而过量则同样会引起中毒；维生素 E 的功能与硒相似。

肉牛的营养特点，肉牛的营养根据其生长规律，将整个生长过程分为两个时期，即生长期和肥育期，不同时期肉牛营养不同。

肉牛生长期又分为两个阶段，即初生到 6 月龄和 7~12 月龄。生长期生长迅速，蛋白质代谢强度大，体内沉积蛋白质、水分、矿物质多，而脂肪沉积少。生长期由于营养水平高，各器官发育较快，应保证营养物质的充足供给，特别是蛋白质、矿物质和维生素。一般该期日粮粗蛋白质含量为 14%~19%，总可消化养分为 68%~70%，精饲料采食量控制在体重的 1.2%~1.5%，粗饲料自由采食，日增重 0.7~0.8kg。研究表明，当肉牛体重超过 200kg 时，需要的能量应以蛋白质的数量和合成菌体蛋白质的结果来决定。随日粮能量提高（由 25.1MJ/kg 提高到 46.0MJ/kg），体重为 100~275kg 牛体内日沉积氮量从 14g 增加到 43g，说明菌体蛋白质合成需要能量。研究发现，对体重 130~270kg 去势牛的增重以及饲料利用率而言，过瘤胃蛋白质的数量不是制约因素。增加饲料中过瘤胃蛋白质数量，并不能提高肉牛的育肥成绩。玉米青贮对于生长期阉牛而言是比较好的饲料。苜蓿对肉牛大理石花纹肉的形成有利，但可增加脂肪的沉积。

肉牛肥育期分为肥育前期（13~18 月龄）和肥育后期（18~24 月龄）。此期营养特点是低蛋白质高能量，以满足肌间脂肪的沉积，形成大理石花纹肉的需要。肥育前期，限制饲养使肌肉最大限度生长，精料控制在体重的 1.7%~1.8%，粗饲料自由采食，一般占总采食量的49%~57%，青贮料占日采食量的24%~28%，日增重达0.9~1.0kg。在肥育后期肉牛日粮中添加粗饲料的研究发现，当日粮中含30%青秸秆时，对生产无影响，如秸秆含量超过45%~50%时，则导致生产性能降低，屠宰期延长和屠宰成绩降低。而有研究表明，在此期喂给低品质粗饲料（日粮中麦秆占62%~76%）组成的日粮中添加2%~4%的脂肪，可提高采食量和消化能摄入量，不影响养分的消化率；但当脂肪添加量超过6.3%时，干物质和有机物的总能量消化率和酸性洗涤纤维的消化率都下降。肥育后期，所有饲料均自由采食，特别应增加精料喂给，此期精料采食量一般占体重的1.8%左右，粗饲料采食量占日采食量的31.0%~34.6%，日增重0.7~0.8kg，以便改善大理石状，改进牛肉品质，生产高档牛肉。肉牛生长快，营养需要高，矿物质、维生素和微量元素的营养对肉牛来说也很重要，如微量元素，尽管需要量极低，但在动物体内的生理功能是不可代替的。研究表明，肉牛微量元素缺乏，轻者生长受阻、骨骼畸形和繁殖障碍等，严重者会引起死亡。

第二节　肉牛舍环境及卫生防疫

牛舍建筑，要根据当地的气温变化和牛场生产、用途等因素来确定。建牛舍因陋就简，就地取材，经济实用，还要符合兽医卫生要求，做到科学合理。有条件的，可建质量好的、经久耐用的牛舍。牛舍以坐北朝南或朝东南好，牛舍要有一定数量和大小的窗户，以保证太阳光线充足和空气流通。房顶有一定厚度，隔热保温性能好。舍内各种设施的安置应科学合理，以利于肉牛生长。

肉牛场场址选择要有周密的考虑、统筹的安排和比较长远的规划，必须有适用于现代养牛业的自然条件和社会条件，利于排污、防疫和运输。

肉牛场地势要求高燥、向阳、平坦、避风、有缓坡，坡度以1°~3°为宜，地形开阔整齐。肉牛场要求水量充足，水质清洁，取用方便，处理简单。肉牛场场地面积按存栏肉牛计算，每头牛占地面积为50~80m^2，一般全场总建筑面积占场地面积的20%左右，牛舍面积按育肥牛每头所需面积4m^2，繁殖母牛以每头15m^2 计算建设；绝对保证电力供应，距输电线路距离要近，必要时配备发电机。肉牛场应建在居民点下风处，距离工厂、居民区等人口密集区域1 000m以上。肉牛场距离人用水源地、动物屠宰场、动物和动物产品交易市场500m 以上；距离其他畜禽饲养场1 000m以上，距离动物隔离场所、无害化处理场所3 000m以上。交通便利，距公路、铁路等交通干线1 000m以上。

肉牛场建筑物布局：办公室和职工宿舍设在牛舍之外地势较高的上风头，以防空气和水的污染及疫病传染。牛场大门口应设卫门、消毒室和消毒池，兽医室、病牛舍应设在牛舍下风头，较偏僻的一角，便于病牛的隔离，还能减少空气和水的污染传播。修建牛舍时，应采取平行配置，两栋牛舍相距10m 以上。饲料库、青贮窖或青贮池应选在离每栋牛舍的位置都较适中，利于成品料向各牛舍运输，减少劳动强度，并且地势较高，干燥通风，又防止粪尿等污水入浸污染。干草库尽可能地设在下风向地段，单独建造，以便于防止火灾。

第一，半开放式肉牛舍：三面墙+屋顶，开露部分向阳，且有围栏，水槽和料槽在栏内，肉牛散放其中或有定位栏。造价低，温暖地区适用，不利于防寒，适合小规模农户养殖选用；封闭式肉牛舍，四面都有墙，门窗可以开启。牛舍保温和隔热性能好，采光通风需要进行专门设计，结构相对复杂，造价较高，适合规模化饲养采用。第二，开放式肉牛舍：牛舍南北纵墙全部开露，在寒冷季节用塑料布封闭，造价低，适合规模化饲养，保温与封闭舍比略差，在温暖地区更适用。

牛舍大小的设计需根据饲养规模确定，如规模较大，需要饲养人员较多时还要考虑饲养人员的劳动定额。单列封闭牛舍：舍内建造一排牛床，舍宽6m，高2.6~2.8m，适用于饲养50头以下。双列封闭牛舍：舍内建造两排牛床，两排牛床多采取头对头式饲养，中央为通道，舍宽12m，高2.7~2.9m，每栋舍饲养100头牛。

地基与墙体基深8~100cm，砖墙厚24cm，双坡式牛舍脊高4.0~5.0m，前檐高1.0~3.5m。牛舍内墙的下部设墙围，防止水气渗入墙体，提高墙的坚固性、保温性。场地面积，肉牛生产，牛场管理，职工生活及其他附属建筑等需要一定场地、空间。牛场大小可根据每头牛所需面积、结合长远规划计算出来。牛舍及其他房舍的面积为场地总面积的15%~20%。由于牛体大小、生产目的、饲养方式等不同，每头牛占用的牛舍面积也不一样。肥育牛每头所需面积为1.6~4.6m^2。通栏肥育牛舍有垫草的每头牛占2.3~4.6m^2，有隔栏的每头牛占1.6~2.0m^2。屋顶最常用的是双坡式屋顶，这种形式的屋顶可适用于较大跨度的牛舍，可用于各种规模的各类牛群。这种屋顶既经济，保温性又好，而且容易施工修建。牛床和饲槽肉牛场多为群饲通槽喂养。牛床一般要求是长1.6~1.8m，宽1.0~1.2m。牛床坡度为1.5%，牛槽端位置高。饲槽设在牛床前面，以固定式水泥槽最适用，其上宽0.6~0.8m，底宽0.35~0.40m，呈弧形，槽内缘高0.35m（靠牛床一侧），外缘高0.6~0.8m（靠走道一侧）。为操作简便，节约劳力，应建高通道，低槽位的道槽合一式为好，即槽外缘和通道在一个水平面上。

牛舍内设备：牛床长1.8~2m，宽1.1~1.3m，牛床应高出地面5cm，保持平缓的坡度为宜，以利于冲刷牛床和污水的排放。饲槽建成水泥饲槽。饲槽上口宽60~70cm，下底宽35~

45cm，近侧槽高30~40cm，远侧槽高70~80cm，底呈弧形，表面光滑，以便清洁。在每头牛的饲槽旁设离地面50cm的自动饮水装置。牛床与通道间设有排粪沟，沟宽35~40cm，深10~15cm，沟底呈一定坡度，以便粪便和污水的清理。清粪通道修成水泥地面，地面有一定倾斜度，并且抹成粗糙面，有利于防滑。清粪道宽1.5~2m。饲料通道在饲槽前设置，比地面高出10cm为宜。饲料通道宽1.5~2m。牛舍的门通常在肉牛舍两端，即正对中央饲料通道设两个侧门，门应做成对开门，不设槛，其大小为（2~2.2）m×（2~2.2）m为宜。

肉牛舍的环境控制：肉牛适宜饲养在5~21℃的环境中，是耐寒怕热动物，因此防暑是环境控制的重点。冬季：密闭式牛舍需要确定好朝向有利于采光和舍内温度的提高，一般牛舍朝向为南偏东或偏西不超过15°为宜。夏季：舍饲条件下需要增设通风和喷雾降温设备，以缓和高温的不利影响。降温的措施如下。①湿帘降温。在牛舍的进风口设立不断循环加水的湿帘，进风口的空气经过温帘时由于水分的蒸发而使气温降低，同时还能提高牛舍内的空气湿度，湿帘降温适用于干热地区。②雾化降温。将水通过雾化喷头排放到空气中，利用喷雾的水分子蒸发吸收空气中大量的热量从而降低温度。③喷淋降温。喷淋系统根据温度的变化自动循环开启，先喷水3min，将水喷到牛体之上，不让水流下来，然后风扇开启27min，循环使用。

湿度：肉牛舍的空气湿度应保持在55%~80%，在正常温度下，湿度对肉牛没有影响，但在高温和低温环境中，湿度高低对肉牛的热调节有一定的影响。湿度越大体温调节范围越小。高温高湿会使肉牛的呼吸加快，体温升高，食欲减退。低温高湿会使肉牛的体温下降，料肉比的转化率降低。阳光照射可以提高牛舍内的温度，刺激肉牛的毛细血管，促进肉牛的血液循环，有利于肉牛的新陈代谢；阳光中的紫外线能杀灭病原微生物，可达到消毒的作用，同时紫外线可促使 7-脱氢胆固醇转变为维生素 D，促进肉牛对钙、磷的消化吸收，有利于骨骼生长。

牛舍是指用来饲养奶牛、肉牛的房子，根据南北气候条件的不同，可建造半开放牛舍、塑料暖棚牛舍等。半开放牛舍通风较好，适宜于南方地区；塑料暖棚牛舍保温效果好，比较适合冬天寒冷的北方。流行性疫病对牛场会形成威胁，造成经济损失。通过修建规范牛舍，为家畜创造适宜环境，将会防止或减少疫病发生。此外，修建畜舍时还应特别注意卫生要求，以利于兽医防疫制度的执行。要根据防疫要求合理进行场地规划和建筑物布局，确定畜舍的朝向和间距，设置消毒设施，合理安置污物处理设施等。

第三节　肉牛品种的选择及注意事项

养殖肉牛不仅要饲养管理技术过关，而且必须根据当地的地理特征、气候、环境资源、市场需求等条件，综合分析各品种的适应性、生产力等特点，选择最合适的品种。适合当地的区域特点，是指在选择肉牛品种时要根据当地的特点来选择适宜当地饲养条件的肉牛品种。虽然南方地区的饲料资源丰富，但是肉牛养殖业的基础较为薄弱，地方品种的体型较小，生产性能相对较低，适宜该地区养殖的肉牛品种主要有西门塔尔牛、安格斯牛等，的改良后代；东北地区的饲料原料丰富且价格较低，该地区适宜养殖的品种主要有西门塔尔牛、夏洛莱牛、利木赞牛等，与当地的优良品种，如延边牛、蒙古牛等的杂交后代，这类肉牛品种特点是繁殖性能良好、抗逆性强、适应性强，耐粗饲等；我国中原区域的饲料资源与肉牛品种丰富，是最早进行肉牛品种改良的地区，适宜该地区养殖的肉牛品种较多，主要有西门塔尔牛、安格斯牛、利木赞牛、夏洛莱牛等品种改良牛。该地区的地方品种也具有良好的育肥价值，主要有鲁西牛、南阳牛、晋南牛等，这时肉牛经长期的驯化已具有适应性强、产肉率高等特点；西部地区适宜养殖的肉牛品种主要有利木赞牛、夏洛莱牛、安格斯牛等品种的改良牛，或者其他适宜的国内品种，如新疆褐牛、秦川牛，另外，四川西北地区的牦牛也具有良好的饲养优势。

养殖户或者养殖者在养殖肉牛前要关注市场行情，要将市场的需求作为品种选择的主要依据，以迎合市场的需求，满足消费者的购买需求，从而提高肉牛养殖的经济效益。当市场要求高瘦肉率、低脂肪的牛肉时，可以选择夏洛莱牛、皮埃蒙特牛等外来引进品种的改良牛，或者选择荷斯坦牛的公犊来育肥；当市场上需要脂肪含量较高的牛肉时，可以选择当地的优良品种，如晋南牛、鲁西牛、秦川牛等，因这些品种具有耐粗饲的特点，只要提高日粮的能量水平即可获得理想的牛肉产品，除了可以选择优良的地方品种，还可以选择安格斯牛、海福特牛等引进品种的改良牛，但是要注意除了海福特牛具有耐粗饲外，其他国外引进品种的牛对饲料的条件要求较高，要提供优质饲料；随着人们生活水平的不断提高，高档牛肉的市场前景良好，这种具有大理石花纹的牛肉产品的特点是鲜嫩多汁、风味佳，用于生产这种牛肉产品的肉牛品种主要为安格斯牛、利木赞牛、西门塔尔牛等引进品种的改良牛，在高营养水平的饲养条件下，可提高日增重，同时也可生产出迎合市场需求的高档牛肉；目前犊牛育肥所得的小白牛和小牛肉因肉质细嫩、营养丰富、味道鲜而受到广大消费者的青睐，其市场价格较高，具有较高的养殖经济效益。在实际的养殖生产中常以夏洛莱牛、利木赞牛、西门塔尔牛等优良品种的改良公犊牛为最佳的养殖对象，还可以选择乳用公犊来生产优质的小牛肉。

在选择肉牛品种时要考虑到供销的关系，例如，虽然小牛肉的价格较高，但是生产投入很大，在生产时必须要按照市场的需求量来有计划地进行饲养，不可盲目扩大生产。另外，高档牛肉的成本较高，市场风险也较大，如果没有可靠的销路，最好不选择生产。目前随着肉牛育种技术的不断提高，利用杂种优势可培育出优良的杂交后代，一般选择国外优良的肉牛品种，与国内优良品种进行杂交，利用杂种优势生长出的品种具有生长发育速度快、抗病能力强、适应性强、胴体品质好等优点，另外，杂种牛的饲料报酬率高，可降低饲养成本；肉牛性别不同其生产性能也不同，通常公牛的生长发育速度要比母牛和阉牛的快，在生产瘦肉率高的牛肉时应优先选择；母牛的脂肪含量较高，在生产高脂肪牛肉时则以育肥母牛为主，如果选择育肥架子牛，则要选择在3~6月龄去势的阉牛，可减少应激，提高出肉率与胴体品质；选择肉牛的品种还要求外貌特征、体重符合要求，肉牛的外貌要求发育良好、骨架大而匀称，皮肤松弛柔软、被毛柔软致密，十字部位略高于体高；1.5~2岁牛的体重要在300kg以上。

在适应市场要求的前提下，所养殖的肉牛品种还要与当地的自然资源与环境条件相适应，才可充分发挥其应有的生产性能，如果自然条件与选择品种的适应能力差距过大，则使肉牛无法很好地适应，而达不到理想的经济效益。在农区饲养的肉牛，因饲料的主要来源是农作物，以秸秆类饲料较多，在品种的选择上可以饲养西门塔尔牛等品种的改良牛，选择架子牛育肥，还可以使用一些酒糟等副产品来育肥，可降低生产成本，提高育肥效果；牧区的牧草资源丰富，养殖业发达，可充分利用这一特点进行放牧饲养，多数优良品种都可饲养，可为农区或城市郊区提供优质的架子牛；乳业发达的地区适合生产牛肉，可利用淘汰的乳公犊牛生产白肉，在饲料资源上可以利用乳品资源或者乳品加工的副产品，可大幅度降低生产成本。

适宜性原则是指按照区域特点选择肉牛品种。农业农村部曾发布肉牛优势区域布局规划，明确了各区域肉牛养殖产业的目标定位与主攻方向。养殖户应首先参照区域布局规划给出的指导意见，选择适宜区域目标定位的肉牛品种。南方区域农作物副产品资源和青绿饲草资源丰富，但肉牛产业基础薄弱，地方品种个体小，生产能力相对较低。建议该区域内的养殖户选用婆罗门牛、西门塔尔牛、安格斯牛和婆墨云牛等品种的改良牛。中原区域农副产品资源和地方良种资源丰富，最早进行肉牛品种改良并取得显著成效。建议该区域内的养殖户选用西门塔尔牛、安格斯牛、夏洛莱牛、利木赞牛和皮埃蒙特牛等品种的改良牛。该区域的地方品种牛，如鲁西牛、南阳牛、晋南牛、郏县红牛和渤海黑牛等，经长期驯化形成，具有适应性强、产肉率高的特点，也是优先选择的肉牛品种。东北区域具有丰富的饲料资源，饲料原料价格低。建议该区域内的养殖户使用西门塔尔牛、安格斯牛、夏洛莱牛、利木赞牛、黑毛和牛等品种的改良牛。该区域内的地方品种牛，如延边牛、蒙古牛、三河牛和草原红牛等，具有繁殖性能好、耐寒、耐粗饲料等特点，也可考虑选择使用。建议西部区域内的养殖户使用安格斯牛、西门塔尔牛、利木赞牛、夏洛莱牛等品种的改良牛，或选择适宜的国内品种如新疆褐牛、秦川牛。四川西北地区牦牛品种和数量相对较大，已形成优势产业，应大力推广大通牦牛等牦牛品种。

养殖户应密切关注市场行情，将市场需求作为品种结构调整的参考依据。市场需求脂肪含量低的牛肉时，可选择皮埃蒙特牛、夏洛莱牛、比利时蓝白花牛等引进品种的改良牛，或者选择荷斯坦牛的公犊。市场需要脂肪含量较高的牛肉时，可选择地方优良品种，如晋南牛、秦川牛、南阳牛和鲁西牛等，这些品种耐粗饲，只要日粮能量水平高，即可获得脂肪含量较高的胴体。除了地方品种外，也可选择安格斯牛、海福特牛、短角牛等引进品种的改良牛，但除海福特牛以外，引进品种均不耐粗饲，需要有良好的饲料条件。花肉即五花肉，高品质的五花牛肉，俗称“大理石状”牛肉或“雪花”牛肉，具有香、鲜、嫩的特点，是中西餐均适用的高档产品。市场需求五花牛肉时，可选择地方优良品种以及安格斯牛、利木赞牛、西门塔尔牛、短角牛等引进品种的改良牛，在高营养条件下育肥，既能获得高日增重，也容易生产出受市场欢迎的五花肉。白肉用犊牛育肥而得，肉色全白或稍带浅粉色，肉质细嫩，营养丰富，味道鲜美，市场价格比普通牛肉高出数倍。白肉可分为小白牛肉和小牛肉两种。用牛奶做日粮，养到4~5月龄、体重150kg左右屠宰产出的肉为小白牛肉；用代乳料做日粮，养到7~8月龄、体重250kg左右屠宰产出的肉为小牛肉。生产白肉的品种，以乳用公犊最佳，肉用公犊次之。市场需要白肉时，选择淘汰的公牛犊，低成本就可获得高效益。选择夏洛莱牛、利木赞牛、西门塔尔牛、皮埃蒙特牛等优良品种改良的公犊，也可生产出优质的小牛肉。

肉牛品种的选择，需考虑该品种是否具有市场优势，不具备市场优势的品种，产品价格低且销量有限，养殖效益不高。生产白肉投入很大，必须按市场需求量有计划地进行，不能盲目扩大生产。餐饮行业对花肉的需求量较多，是肥牛火锅、铁板牛肉、西餐牛排等优先选用的产品，但成本较高，市场风险相对较大。如果没有稳妥可靠的销售渠道，养殖户最好选择生产普通牛肉的品种饲养。用引进优良品种培育的改良牛，具有明显的杂种优势，生长发育快，抗病力强，适应性好，可在一定程度上降低饲养成本；也可按照市场需求，利用不同杂交系改善牛肉质量，获得最佳的经济效益。公牛生长发育快，生产瘦牛肉时应优先选择。相反，如果生产高脂肪牛肉与五花牛肉，则以母牛为宜。但需要注意的是，母牛较公牛要多消耗10%以上的精料。阉牛则处于公牛和母牛之间。如果选用架子牛进行育肥，应在3~6月龄时去势，这样可以减少应激，显著提高出肉率和肉的品质。

在选择架子牛时，应注重外貌和体重。肉牛外貌要求发育良好、骨架大、胸宽深和背腰长宽直等。一般情况下，1.5～2.0 岁牛的体重应在 300kg 以上，体高和胸围最好大于同龄牛的平均值。四肢与躯体较长的架子牛，有生长发育潜力；若幼牛体形已趋匀称，则将来发育不一定很好；十字部略高于体高和后肢飞节高的牛，发育能力强；皮肤松弛柔软、被毛柔软致密的牛，肉质良好；发育虽好但性情暴躁的牛，管理起来比较困难，不建议选用；体质健康、10 岁以上的老牛，采用高营养日粮育肥 2～3 个月，也可获得较好的经济效益，但不能采用低营养日粮延长育肥期的方法，否则牛肉质量差，且会增加饲草消耗和人工费用。

在适应大环境、大市场的同时，养殖肉牛还必须与当地自然资源和环境条件相适应。如果当地自然环境条件与引入地差距太大，肉牛无法适应，经济效益也不会很理想。农区以种植业为主，作物秸秆多，可饲养西门塔尔牛等品种的改良牛，为产粮区提供架子牛，以获取较佳经济效益。而在酿酒业与淀粉业发达的地区，充分利用酒糟、粉渣等农副产品，购进架子牛进行专业育肥，能大幅度降低生产成本，取得较好的经济收益。牧区饲草资源丰富，养殖业发达，肉牛产业应以饲养西门塔尔牛、安格斯牛、海福特牛等引进品种的改良牛为主，主要为农区及城市郊区提供架子牛。山区也具有充足的饲草资源，但肉牛育肥相对困难，也可以借鉴牧区的养殖模式，专门培育西门塔尔牛、安格斯牛、海福特牛等改良牛的架子牛。乳业发达的地区，以生产白肉最为有利，因为有大量乳公犊可以利用，并且通过利用异常奶、乳品加工副产品等，能大幅度降低生产成本。乳公犊和淘汰乳牛的特点是体型大、增重快，但肉质相对较差。牛是喜凉怕热的动物，如果气温过高（30℃以上），往往会影响育肥效果。因此，南方气温较高的地区，应选择耐热品种，如圣格鲁迪牛、皮埃蒙特牛、抗旱王牛、婆罗福特牛、婆罗格斯牛和婆罗门牛等品种的改良牛。

第四节　不同时期肉牛的饲养管理及注意事项

一、犊牛的饲养管理及注意事项

犊牛一般是指从其出生到6个月的哺乳牛。犊牛在出生之后初次对其进行喂奶的剂量是2kg以内，然后依次在接下来的每天根据犊牛体重的增加来增加的1/6喂给，每天喂奶4次，奶的温度控制38℃左右，需要注意的是在给犊牛喂奶结束后的1h之后，要让其饮用温开水，这个阶段一直要维持到4个月左右。犊牛在出生之后的第7d起就可以使其开始锻炼吃精料和优质干草了，在犊牛生长5日龄之后，当犊牛吃完奶、精细饲料以及甘草，并饮用完温开水之后，可以让其在户外进行自由运动1h左右，并在其成长期到了1个月之后可将这种户外时间增至3h左右。犊牛出生后注意要进行单独饲养，其目的是为了防止犊牛之间因为疾病或者争抢食物而出现疾病交叉感染。每天定时刷拭牛体2次，并注意对褥草进行及时的更换，以此来确保整个牛舍中卫生环境的清洁度，注意不要拴系饲养和限制饲养。另外，对于刚断奶至6月龄的犊牛，必须通过采集一定分量的粗料和充足的精料来供给它们的食量需求。母牛产犊后5~7d内所分泌的乳就是初乳，初乳的营养价值较高，含有大量的免疫球蛋白，有利于提高犊牛的免疫力，还有较多的镁盐，有助于犊牛排出胎便，还含有较高含量的各种维生素等，这对于犊牛的健康和发育有着重要的作用。所以，在犊牛出生后要尽早地喂养初乳，一般犊牛在出生0.5~1h之内就能够自行站立，这时候要对犊牛进行引导，让它接近母牛来寻食母乳，如果有困难，可以人工帮助其哺乳。

在进行母乳喂养的过程中，要根据草场的质量补饲犊牛，这样既能尽早地使犊牛断奶，还可以满足犊牛生长的营养需要。要在犊牛在出生 7～10d 就训练其采食干草，可以放置优质的干草在牛栏的草架上，训练其自行采食咀嚼，这样能够促进犊牛的发育。在犊牛出生 15～20d 后，要开始训练它自主进行精饲料的采食，要采用科学合理的配料方法配出营养价值高的精饲料。在喂养精饲料时，不要放太多的饲料，如果剩下饲料，要每天进行更换，必须保持饲料的新鲜以及料盘的清洁。在犊牛出生 20d 后，要在混合精料中加入适当切碎的胡萝卜、甜菜或南瓜丁，这种多汁饲料可以保证犊牛生长所需营养的充足。在犊牛 2 月龄后开始喂养青贮饲料，并随着犊牛的生长不断加量。

犊牛进行正常的代谢需要的水量比较高，但是牛奶中的含水量较少，不能够满足其需要，所以要尽早对犊牛自行饮水进行训练。开始的时候要给它饮 36～37℃ 的温开水，在 10～16 日龄后可将温开水改成常温水，在犊牛 1 月龄以后，可以在犊牛活动的场地备足清水让其自行饮用。补饲适当的抗生素饲料可以预防犊牛拉稀，可以对每头犊牛补饲 1 万 IU 的金霉素，在犊牛 35 日龄后停喂。

注意保温、防寒，在我国北方的养殖户要特别注意，因为北方冬季天气寒冷且有时风较大，所以要做好犊牛舍的保温、防寒工作，可以通过在犊牛舍铺柔软的垫草来保持舍内的温度，使舍温能够保持在 0℃ 以上。犊牛出生 7～10d 是最适宜去角的时间，可以通过电烙法或者固体苛性钠法来对犊牛去角，去角方便对犊牛的管理，尤其是将来做群饲的牛或者肥育的牛更有利。在许多规模较小的母牛舍内，一般都设有犊牛栏和产房，但是没有犊牛舍，在规模较大的牛场才会有犊牛舍和犊牛栏的设置。单栏和群栏是犊牛栏的两类，在犊牛出生后一般放在靠近产房的单栏中进行饲养，每头犊牛一个单栏并进行隔离管理，在犊牛出生 1 个月后再从单栏向群栏过渡，要保证同一个群栏内的犊牛月龄一致或者相近，这是因为对于月龄不一样的犊牛所采用的饲料是不一样的，还有对于所需的温度也是不一样的。如果群栏内的犊牛月龄差别较大，那么不利于对犊牛的饲养管理以及健康。在犊牛期常用的都是舍饲的方式，这使得犊牛的皮肤易被粪便以及土黏附，这样会形成皮垢，会使皮毛的保温效果以及散热力变差，还会使皮肤血液循环形成恶化，这样犊牛极易患病，所以，要每日对犊牛进行一次刷拭来保证其皮肤表面的干净。

在犊牛出生 7~10d，要让犊牛进行适当的运动，并随着犊牛的生长延长其运动的时间，在有条件的地方，可以在犊牛出生 1 个月后开始放牧，虽然这时候犊牛的采食量比较少，但是进行适当的运动和放牧有利于犊牛采食量的增加，可以促进犊牛的健康发育。由于这一时期的犊牛，消化功能尚且不够完善，如果不进行科学规范的喂养，势必会对其以后的生长发育产生不良的影响，甚至影响健康和繁育。

由于犊牛刚刚离开母体，其周围的环境发生了很大的变化，这是犊牛饲养的第一个关键期。犊牛要从母体获取其机体所必需的各种营养物质，但其消化系统功能极为薄弱，神经系统发育尚不成熟，组织、器官、皮肤和黏膜等的保护能力较为低下，机体抵抗力较低。所以，初乳喂养就是最好的方法。在犊牛出生以后，不仅要采取各种办法让其在最短的时间内吃到初乳，更为重要的是要保证初乳的质量。由于犊牛刚出生，可以采取人工辅助的方法助其吸食，将中指和食指放置到盛放初乳的桶内，将其慢慢倾斜，帮助犊牛吮吸和舔饮，犊牛习惯后，让其自行舔饮。初生期的犊牛消化功能较弱，要特别控制好喂养的次数、每次喂养的数量以及喂养初乳的温度等；待初乳期结束以后，一定要将犊牛转入犊牛群，与其他犊牛一起喂养；初生期犊牛特殊的生理特点决定了其吮吸速度较慢，甚至还会出现吐乳等现象；如果母牛在生产以后死亡或生病，可以给其犊牛喂养同时期其他生产母牛的初乳。如果不具备这样的条件，就只能喂给其常乳，但是要特别注意添加鱼肝油、蓖麻油等。

在度过了最为艰难的初生期以后，犊牛也开始逐渐适应外界的生活，机体的功能也开始慢慢完善起来。犊牛的前胃迅速发育，消化机能不断提升。这一时期初乳成分渐渐接近常乳，而犊牛对初乳中抗体的吸收率也在逐步下降。因此，对于这一阶段的犊牛可以采用以下饲养方法：喂常乳，这是肉牛犊牛最为经常采用的、由母牛直接哺乳的方式，也应该是30d以内犊牛的主要营养来源。为此，一定要养好母牛，如果母牛的泌乳情况不乐观，也可以采用人工哺乳。一般讲，母牛分泌的乳汁是可以满足犊牛前3个月生长和发育的营养需要的。不过，由于犊牛在出生后20d左右通常会开始出现反刍，50d左右瘤胃微生物区系已经初步形成，具备一定的消化植物性饲料的能力，7～10d开始训练犊牛采食精料。精料最好是专门配制的犊牛料，精料补饲量应由少到多，逐渐增加。从犊牛出生后第一天开始就要供给清洁的饮水，让其自由饮用，特别是在补饲期间，犊牛的饮水量更大，保证饮水的供应，能促进犊牛增加采食量。饮水最好是自来水或井水，不可饮用污水、废水和泥塘水。在寒冷的冬季，犊牛更是要忌饮冰碴水，最好饮用温水。要保证犊牛牛舍的环境，做到勤打扫、勤换垫草和勤观察，尤其注重对犊牛食欲、精神状态以及粪便的观察。犊牛的饲料绝对不能有发霉变质或者冻结冰块现象，更要注意不能含有铁丝、铁钉、牛毛、粪便等杂质。注意犊牛的舔癖。舔癖是指犊牛间一种相互吸吮的不良习惯，对犊牛的生长和发育不利。如果犊牛经常有这样的行为，就很容易滋养细菌，甚至严重的会导致犊牛的死亡。管理犊牛时，一定要注意犊牛是否有特殊行为，一定要加以制止或者在犊牛的鼻梁前面套上一个小木头板。犊牛应该有适量、适度的运动，随母牛在牛舍附近牧场放牧，放牧时要注意适当放慢行进的速度，以保证犊牛充分的休息时间。做好犊牛舍的消毒工作。消毒要定期、彻底，在冬季，消毒每月至少要有 1 次，而在夏季，每个月应该消毒 3~4 次。消毒的时候，可以用苛性钠或者石灰水对地面、墙壁、栏杆、饲槽以及草架等进行全面、彻底的消毒。如果有传染病或者死牛现象的发生，就要对犊牛所接触到的环境和用具等进行临时的、突击性的消毒。

总之，我们首先了解并掌握犊牛的生理特点和生理规律，进而采取多种有效措施和途径去努力实现犊牛饲养和管理的科学化、规范化，为犊牛的健康成长提供有力的基础。育肥后期仅作逍遥运动或不运动，可采用露天育肥场或系留或饲养。牛舍清洁干燥，育肥牛有舒适感。每天清除牛舍中的粪便、勤换垫草，保持牛舍通风良好、冬暖夏凉。牛耐寒不耐热，夏季气温高，高温天气持续时间长，牛食欲降低，影响日增重。应搞好防暑降温工作，保持牛舍通风良好。可根据实际条件采取行之有效的措施，如安装电扇、给牛洗澡、夜间投喂青草、牛舍四周植树遮阴等，这样可刺激育肥牛提高食欲。

二、架子牛的饲养管理及注意事项

架子牛通常指未经育肥或不够屠宰体况的牛。年龄对育肥牛增重影响极大，一般规律是肉牛在 1 岁时增重最快，2 岁时增重仅为 1 岁时的 70%，3 岁时增重仅为 2 岁的 50%。鉴于此，架子牛育肥最好选择 1~2 岁的牛进行育肥。放牧牛育肥前应驱除体内外寄生虫，育肥时应改群饲为个体饲养，由放牧改为舍内拴系饲养。育肥期混合精料配比：玉米 75%~80%，麸皮 5%~10%，豆饼 10%~20%，食盐 1%~2%，矿物质添加剂 1%。育肥期日粮干物质中粗蛋白含量为 12%以上，每 100kg 体重干物质进食量为 2.5kg 左右。架子牛的育肥一般为 100d 左右，根据架子牛的生长特点，将育肥期分为前期、中期和后期。前期为 15~20d 是架子牛转入育肥的适应期，精料日给量为 1.5~2kg。中期为 40~50d，这时牛已适应各方面条件，应增加精饲料和粗饲料量，精饲料日给量 3~4kg。后期为 30~40d，这时育肥牛进入肉质改善期，主要进行脂肪沉积。要增加日粮中能量饲料，减少蛋白质饲料，精饲料日给量 4kg 以上。

肉牛包括肉用品种牛、肉用品种与本地黄牛杂交的杂种牛、不作种用的奶牛公犊等。牛肉瘦肉多、脂肪少。一般含蛋白质 20%左右，脂肪 9%并富含维生素。高档牛肉肉质鲜美、柔嫩多汁、营养丰富、易被人体消化吸收。国外育肥肉牛采用高精料和人工牧草。我国育肥肉牛以粗饲料为主，充分利用农副产品和秸秆，借鉴国外先进的育肥技术，提高经济效益。饲养肉牛的目的在于生产大量优质牛肉。肉牛产肉性能的各经济性状的遗传力为 0.3~0.4，而其表现程度受环境因素影响为 0.6~0.7。因此，搞好肉牛的饲养管理，使其产肉性能得到充分表现，是降低肉牛生产成本、提高经济效益的有效途径。

在母牛的生产过程中，应按各阶段不同的生理特点和营养需要进行饲养。母牛应保持中等体况。饲料以青粗饲料和青贮饲料为主，饲草中应含有丰富维生素和矿物质元素，秸秆、秕壳类需经氨化或碱化处理，以提高采食量和消化率。精料补饲量应根据粗饲料的品质和母牛膘情而定。配合精料的组成一般是：谷物类饲料 40%~45%，蛋白质饲料 25%~30%，麸皮类加工副产品 20%~25%，矿物元素、食盐、微量元素 3%~5%。饲喂方式应先粗后精，少给勤添，精料可拌草饲喂。配合饲料最好傍晚拌湿饲喂。放牧饲养时，尽量让母牛吃饱，夜间适当补饲。在整个饲养过程中，供给充足矿物饲料、微量元素，保证充足清洁的饮水。

细心检测母牛发情表现，做到适时配种。牛体应勤梳刮，保持牛体清洁。每年修蹄1次，保持蹄姿正常。对舍饲母牛，每天让其自由活动3~4h，有利于维生素D合成，促进食欲，以增强牛体质。做好保胎工作，预防流产或早产。舍饲或放牧中，要防止相互挤撞、滑倒。严禁喂冰冻、霉烂变质饲料和酸性过大饲料。怀孕后期母牛应与其他牛分开放牧或运动。临产母牛应专人护理。

成年牛育肥是指已达到体成熟年龄以后的牛的育肥。一般是丧失劳役、繁殖能力的老弱残牛，在屠宰前集中一段时间进行育肥，增加肌间脂肪沉积，改善肉质。成年牛育肥以能量饲料为主，供给淀粉料。育肥时逐渐增加精料量，精料用量占体重的0.8%~1.0%。育肥精料配方：玉米20%、大麦40%、豆饼5%、菜籽饼7%、米糠10%、麸皮15%、磷酸氢钙2%、食盐1%。日用量3~4kg，其肉质可以获得改善。供给优质干草、青绿饲料、青贮饲料、氨化秸秆，让其自由采食。成年牛育肥期不宜过长，一般以3个月左右为宜。采用舍饲拴系饲养，注意梳刮，摩擦牛身，以促进食欲，给予充足饮水。育肥的架子牛年龄要求18~24月龄，体重250~350kg，健康无病，有生长潜力；我国育肥牛的来源多数是改良牛或当地黄牛，可选用人工授精的杂交公牛，以“二元”或“三元”杂交的品种为优，其中“三元”杂交品种最理想。“三元”杂交即本地秦杂与西杂母牛导入南德温牛、夏洛莱牛、安格斯牛、利木赞牛等肉牛冻精进行杂交。

架子牛的饲养方式有散栏饲养和拴系饲养。散栏饲养：将体重、品种、年龄相似的架子牛饲养在同一栏内，便于控制采食量和日粮调整，做到全进全出。拴系饲养：将牛按大小、强弱、肥瘦确定槽位，拴系喂养。其优点是采食均匀，可以个别照顾，限制运动，减少争斗、爬跨，有利于增重；缺点是饲养劳动量大，牛舍利用率低。饲喂方式：采用全混合日粮。饲喂肉牛时精粗饲料混合饲喂，先粗后精。先将青贮或其他草料添入槽内让牛自由采食，等吃了一段时间后（约 0.5h），再加入精饲料与青贮或其他草料充分拌匀，让牛吃饱。日喂 2 次，早晚各 1 次。精料限量（约体重的 0.5%），粗料自由采食。饲喂后 0.5h 饮水 1 次，喂青贮时中午饮水 1 次。粗饲料品种的选择依地方生产条件而定，其一般顺序：全株青贮、青贮、青草、干草或秸秆。为提高采食量和消化率，粗饲料饲喂前需加工处理。如秸秆经铡短、揉丝和青贮、氨化处理，进食量可提高 15%~30%。精料的粗粉碎比细粉碎进食量要高。

架子牛引进后，隔离观察 15d，待确保无病后方可分群管理。异地引进的架子牛，由于长途跋涉，饮水不足，造成体液缺乏，遇到饮水后，往往暴饮过量，会引发疾病，给养殖户带来损失。应采取少量多次的方法给予充足的清洁饮水，同时加入适量的人工盐。外引牛进场后，给予少量柔软易消化的粗饲料，第 1d 可以不给，且不要添加精饲料，以后逐渐增加饲草量。科学研究证明，异地引进的牛，其瘤胃需要 10d 左右才能完全恢复，所以应逐渐适应。10d 以后，就要满足牛的营养需要，按照体重的 0.5%补充精料。喂量宁少勿多，切忌过量。每次饲喂可掌握在“八成饱”的程度，这样牛的消化机能保持旺盛，有助于健康生长。可选用 0.5%乙酸对牛体和圈舍喷洒消毒，可每天 1 次或隔日 1 次。架子牛进场后 10d，先用伊维菌素片进行 1 次体内外寄生虫的驱治，混合少量的麸皮逐头舔食，间隔 10d 左右进行第二次驱虫。这样可以有效避免胃肠道线虫和蜱、螨等体外寄生虫的滋生，驱虫结束后，要及时健胃。异地引进的架子牛，经过隔离期的观察，确诊无病后转入育肥牛舍饲养。所有到场的架子牛都进行称重、记录，并按体重、品种合理分群。弱牛、瘦牛拴在一起，壮牛、肥牛拴在一起。然后打耳标、编号登记。异地引进的架子牛，转入育肥期后，要进行一次强化免疫（主要是按体重注射口蹄疫疫苗等）；每周2次对牛体、圈舍、日常用品及周边环境喷洒消毒；及时清理粪便，搞好环境卫生，消灭蚊蝇，杜绝传染病的方式。冬季气温降低时及时扣棚，通风口的设计以上下式通风为佳，避免形成“过堂风”而快速降低牛舍温度，引发感冒等疾病。另外，每天早晨要卷帘透气，尽快排出一夜聚集的氨气、二氧化碳等有害气体；春季气温升高时取掉暖棚。目前我国大多数肉牛场采用这种育肥方式。一般分三期育肥：过渡饲养期约15d，过渡饲养期内首先让牛适应吃青贮料，不习惯牛只应加麦草，混合饲喂，麦草逐渐减少，青贮料逐渐增多，着重喂青贮料，每天每头牛控制为0.5kg精料与粗饲料拌匀后饲喂。精料饲喂量逐渐增加到体重的1%，尽快完成过渡期；育肥前期约40d，这时牛的干物质采食量要逐步达到8kg，日粮粗蛋白水平为12%，精粗饲料比40：60，日增重1.5kg左右；育肥后期2~3个月。干物质采食量达到10kg，日粮粗蛋白水平为11%，精粗饲料比为60：40，日增重1.5~2.0kg。根据牛的生长和采食剩料及粪便情况调整日粮，对增重太慢或不长的牛及时淘汰；当膘情达到一定水平，增重速度减慢时应及早出栏。

三、老龄牛育肥的饲养管理及注意事项

老龄牛育肥，主要是对因岁数较大而淘汰的种畜、役畜进行短期的育肥。老龄牛育肥无法提高牛肉品质，但可提高老龄牛的经济价值，这是我国黄牛饲养的一大特色。老龄牛的饲养要选择营养价值高、易消化吸收的饲料，以青粗饲料为主，如优质、柔嫩的青草、青贮玉米秸秆、氨化秸秆和干草；日粮选择以能量饲料、青贮饲料为主的高能日粮；充分喂料及饮水，每日饲喂5~6次，夜间补饲，延长采食时间，使其吃饱吃好。老龄牛育肥不宜超过120d，强化育肥时间以40~60d为佳。尽量减少老龄牛的运动量，以拴系饲养为宜，充分饮水，加强防疫保健措施，以保持

健壮的体质。成年牛育肥常用乳用、肉用淘汰的母牛及役用的老残牛，体重大、出肉多，但肉质差、含脂肪高。采取完全舍饲方式，根据体型大的特点，饲料要求碳水化合物含量高，蛋白质含量可略低。育肥前，应进行全面检查，病牛要在治愈后育肥，过老的及采食困难的牛不可育肥。母牛配种怀孕产犊后立即进行育肥，育肥时间一般为 3 个月，多在 3 月、4 月至 11 月进行。对体重 400kg 以上的成年牛，每年喂给 4kg 混合料，其中玉米面 3. 5kg、豆饼 0. 5kg、食盐 100g、酒糟 25kg、干草 3kg。对老龄掉牙牛或生长发育慢的，在饲喂时应将混合料制成大饼子用锅蒸熟再喂。按照不同品种、年龄及营养状况分群进行管理。

采取舍饲养、短绳拴、坐槽喂的原则，育肥前驱虫健胃，诱导采食，日粮中粗饲料要多样化，提高适口性。饲料中加入适量矿物质添加剂以节省饲料，可提高日增重。日增重 1kg 以上肉牛的日粮精料比例一般在 60%以上，此时应少喂或不喂青贮，改用干草或胡萝卜以满足牛对维生素的需要，也可在日粮中加入小苏打和油脂以抑制瘤胃异常发酵。喂饮要定时、定量、定牛，夏季早 6 点、晚 5 点，冬季早 7 点、晚 4 点各饲喂 1 次，夜间补给 1 次粗料，每天饮水 2~3 次（清水或豆饼水），冬季饮温水。定时间即喂料与饮水的时间基本不变或固定不变，使其养成正常的消化吸收、采食、饮水和休息规律；定食量即日粮固定不变或基本不变，以防止过食而引起前胃迟缓、瘤胃积食、消化不良。饲喂时少给勤添，每顿分 2~3 次添加；定牛位指牛采食休息的位置尽量固定不变，调换位置后牛马上会闻出异常气味，于是便搔闹、起哄、大声吼叫、挠地，引起全群牛不安甚至脱缰造成不良后果。日常管理要有规律，固定牛槽、床位、不可随意变动。拴牛时 2 个牛角连线到拴牛环间距离 60cm 左右。上槽饲喂时，最好分槽饲养，按性别、年龄、体格、大小、体质强弱、采食快慢进行分槽，把同类或相近的牛拴在一起饲养。这样可以避免互相抢食和角斗，使每头牛都能吃饱吃好，还可根据不同营养状况进行合理的饲养管理。减少活动，保持安静、舒适的生活环境，可以减少营养物质消耗，提高育肥效果。消毒时应先清除牛舍内垃圾，再用2%苛性钠或10%~20%生石灰乳或10%~20%漂白粉溶液对牛舍、牛体、铁锹、土篮、扫帚等进行彻底的喷雾消毒，最好每半个月进行1次。每天饲喂后用铁刷刷拭牛体1次。常刷拭皮毛可促进皮肤血液循环，早期换毛长肉，增进美感，增加饲养员与牛之间的亲善关系，减少牛的野性。保持舍内温度，入冬前必须修整牛舍，要求顶部不漏雨雪，墙不透风，地面干燥，夜间多铺些垫草，防止舍内阴暗潮湿。注意观察牛的健康表现，发现异常采取措施（常检查缰绳）。对有传染病嫌疑的牛要及时隔离，发现疫情及时上报，必要时封锁。根据市场规律，选择在肉类尤其是牛肉供应的淡季出栏，以提高育肥效益。老龄牛催肥前要做兽医检验，并驱除体内、外寄生虫，对患有肺结核、布氏杆菌病等传染病的老龄牛不宜育肥。

四、高档肉牛的饲养管理及注意事项

高档牛肉是按照科学的饲养技术和屠宰加工流程获得的特定部位牛肉，目前市场见到的“雪花牛肉”不等于高档牛肉。近年来，我国高档肉牛饲养技术的研究侧重于犊牛和育肥牛，忽视了高档肉牛青年母牛养殖技术的提高，导致高档肉牛饲养技术断链，为完善我国高档肉牛饲养技术链提供一些技术参考。随着我国社会经济的发展和居民生活水平的提高，人们对牛肉尤其是高品质牛肉的需求量也在不断增加。高档牛肉主要是指通过选用优良品种，同时辅以相应饲养技术以及按照相关标准进行肉牛屠宰、排酸、分割等加工程序所获取的高品质牛肉产品，是肉牛养殖的高级阶段。目前，我国在高档牛肉（大理石花纹）的生产育肥饲养技术上分为保证骨骼和瘤胃生长发育的前期、促进肌肉和脂肪生长发育的中期及促进脂肪沉积的后期 3 个阶段。前期精饲料采食量占体重的 1.0%~1.2%，自由采食优质粗饲料；中期精饲料采食量占体重的 1.2%~1.4%，粗饲料日采食量为 2.0~3.0kg/头；后期精饲料采食量占体重的 1.3%~1.5%，粗饲料日采食量为 1.5~2.0kg/头。发达国家或国内一些技术先进的厂家已不再将精粗饲料分开，而是制成全价混合饲料（TMR）饲喂肉牛。优质高档肉牛饲养管理技术新模式，即小围栏轮换饲养、育肥中后期精饲料自由采食，分为 4 个阶段：过渡适应期 2 个月、育肥前期约 6 个月、精饲料自由采食的育肥中期 8 个月和育肥后期 6 个月。育肥结束月龄平均为 28 月龄，育肥结束体重平均为 800~850kg，全程为自由饮水。饲养管理采用小围栏（约 $40m^2$）轮换饲养，育肥中后期每个小围栏可容纳 7~8 头牛，过渡适应期和育肥前期可以容纳 10 头牛左右。育肥中后期每相邻的 2 个小围栏可饲养 7~8 头牛，其中一个小围栏养牛，另一个小围栏空栏，当养牛小围栏地面的粪尿积累到开始浸湿牛体时就将牛转移到相邻的空栏小围栏。围栏之间以钢管门隔开，开门后牛自行进入到地面干燥、松软的小围栏内，而原来养牛的小围栏又变成了空栏，如此周而复始地循环，直至出栏时一次性清粪。每个小围栏安装 1 个自动饮水槽。过渡适应期与育肥前期，精饲料定量，粗饲料自由采食；育肥中后期，粗饲料定量，精饲料则为自由采食。适应期，该时期首先进行牛体消毒和检疫隔离观察，健康者进行去势手术，手术恢复后进行驱虫、健胃和免疫，并将精饲料逐渐增加至 2kg，然后再增加至 3kg，该时期为期 1~2 个月；育肥前期，精饲料的饲喂量随体重的增加而增加，即由日饲喂量为 3kg 逐渐增加到占体重的 1%，自由采食青贮玉米秸秆，适量饲喂啤酒糟。该时期为期 6 个月；育肥中期，精饲料的饲喂量由占体重的 1%逐步过渡到自由采食，粗饲料为限量采食，由啤酒糟和青贮玉米秸秆组成，该时期为期 8 个月；育肥后期精饲料仍为自由采食，粗饲料限制采食，其种类及饲喂量与育肥中期相同。在育肥中期精饲料达到自由采食状态后一直保持到育肥后期，即饲槽内总有精饲料，该时期为期6个月。

小围栏轮换饲养提高了肉牛的舒适度，小围栏轮换饲养，其优点是在育肥过程中不仅减少了清粪对牛产生的应激，而且由于在整个育肥过程中围栏地面比较松软和干燥，还大大提高了牛的舒适度。采用小围栏轮换饲养模式时，肉牛的24h平均趴卧次数为11.67次，显著高于采用传统饲养模式；小围栏轮换饲养模式下肉牛24h平均趴卧时间比传统饲养模式增加34.50%。松软且干燥的地面是牛最喜欢的生活环境，而牛的趴卧时间又可以看作动物福利和舒适度的直观表现。小围栏轮换饲养模式下，肉牛的饲养能够保持在松软、干燥的地面上，这就使牛的趴卧时间延长，小围栏轮换饲养改善了动物福利。动物福利是一种维持动物康乐的思想，动物福利的改善有利于畜牧生产水平的提高，当满足动物康乐时，可最大限度地提高生产水平。

育肥中后期精饲料自由采食有利于提高日增重、屠宰性能及优质肉块产量。采用传统的高档肉牛育肥模式，育肥中期的干秸秆日采食量为2~3kg/头，育肥后期的干秸秆日采食量为1.5~2kg/头，所以传统的高档肉牛育肥模式与育肥中后期精饲料自由采食的育肥模式相比，其粗饲料干物质采食量没有显著差异。在粗饲料干物质的日采食量限定为2kg/头的条件下，精饲料自由采食的肉牛并没有出现前胃消化不良的现象，自由采食精饲料没有对反刍产生不利的影响。因此，只要粗饲料干物质的日采食量保证为2kg/头，精饲料由定量逐渐增加到自由采食后保持该模式，就不会对瘤胃发酵产生不良影响。采用育肥中后期精饲料自由采食的育肥模式，肉牛由于其精饲料采食量高于传统的育肥模式，其增重速度也必然会高于传统的育肥模式。营养水平对肉牛的屠宰率、净肉率和肉骨比影响显著，采用育肥中后期精饲料自由采食模式的肉牛，其上述指标也必然显著高于采用传统育肥模式下饲喂的肉牛。营养水平对肉牛的高档肉块——牛柳、西冷、上脑、眼肉重量及高档肉块总重量影响显著，采用育肥中后期精饲料自由采食的育肥模式，肉牛的高档肉块及其总重量显著高于传统的育肥模式；同样，由于精饲料自由采食获得的能量高于传统的育肥模式，而高能量有利于育肥后期脂肪的沉积，采用精饲料自由采食的高档肉牛，其肉品的嫩度、大理石纹等级等指标会显著高于采用传统育肥模式的高档肉牛。

高档肉牛育肥技术要生产高档牛肉，牛源的选择就显得尤为重要，不是所有的肉牛都能生产高档牛肉，国内常见生产高档牛肉的肉牛有国外优良品种安格斯牛、日本和牛，还有我国的五大地方品种（秦川牛、延边牛、晋南牛、南阳牛、鲁西牛），以及其与国外优良肉牛品种杂交后代等。国外优良肉牛品种公牛与我国地方品种黄牛杂交一代肉牛具有较强的杂种优势，体格大，生长快，产肉量高，肌纤维细，脂肪分布均匀，大理石花纹明显，优质肉块比例较高，是生产符合肥牛型市场需求的雪花牛肉的理想选择。选购生产高档雪花牛肉的育肥牛月龄不宜过大，一般在4~6月龄，膘情适中，体重在130~200kg/头比较适合，公犊牛要去势去角，经过18~30个月的育肥，活体重需达到600~800kg/头屠宰才有可能生产出高档牛肉。

高档肉牛育肥前除了按时免疫接种，提高育肥牛免疫功能，保持最适宜育肥温度15~22℃外。还须及时做好圈舍消毒，因为消毒是消灭病原、切断病菌传播途径、控制疫病传播的重要手段。常见的消毒技术有：养殖场入口、生产区入口设置消毒池，内置1%~10%漂白粉液或3%~5%来苏儿、3%~5%烧碱液，确保进出车辆及人员的消毒；在牛舍每月消毒1~2次，一般用10%~20%生石灰、2%~5%烧碱或其他强消毒剂均可；食槽、饮水器和生产用具每10d消毒1次，先用1%~10%漂白粉清洗干净后，再让太阳暴晒干燥；另外，饲养人员进出牛舍要穿工装服，杜绝狗、猫等动物出入牛舍，及时灭鼠。

当前，我国高档牛肉的生产技术包括3个阶段，前期粗饲料自由采食，精饲料采食量占体重1.0%~1.2%，主要保证骨骼和瘤胃生长的发育；中期粗饲料采食量2.0~3.0kg/（头·d），精饲料采食量占体重1.2%~1.4%，主要是促进肌肉和脂肪生长发育，后期粗饲料采食量1.5~2.0kg/（头·d），精饲料采食量占体重1.3%~1.5%，主要是促进肌间脂肪沉积。营养水平会显著影响肉牛的日增重、屠宰率、净肉率和肉骨比，如果适应期为1~2个月，该时期应进行牛体消毒和检疫、驱虫、健胃和免疫，逐渐增加精饲料饲喂量，增加至3kg/（头·d）左右；育肥前期用6个月，精饲料饲喂量由3kg/（头·d）左右逐渐增加到体重的1%，自由采食粗饲料；育肥中期用8个月，精饲料饲喂量由占体重1%逐渐增加到自由采食，粗饲料限饲，饲喂量为4kg/（头·d）；育肥后期用6个月，精饲料仍为自由采食，粗饲料依然限饲，饲喂量与育肥中期相同，这种方法饲养的牛肉嫩度、大理石纹等级等指标显著高于采用传统育肥模式的高档肉牛。

第三章　奶牛的饲养管理

第一节　影响奶牛生长的重要营养成分

牛的营养需要主要包括维持需要和生产需要。维持需要是维持牛体正常的生命活动的需要，而生产需要主要包括生长发育繁殖产奶和增重的需要。维持奶牛营养需要的营养物质主要包括干物质、能量、蛋白质、矿物质、维生素、纤维素和水。

一、干物质

干物质就是饲料中除水分以外的其他物质的总称。奶牛所需要的营养物质基本包括在干物质中，所以进食量是配合奶牛日粮的一个重要指标，对奶牛的健康和生产至关重要。预测干物质进食量可有效地防止奶牛的过食和不足，提高营养物质的利用率。如果营养摄入不足，不仅会影响奶牛的生产水平，而且会影响奶牛健康；相反，如果营养物质过多，会导致过多的营养物质排放到环境中，造成饲料浪费，提高饲养成本，影响健康，增加代谢疾病发生率。

“奶牛饲养标准”推荐产奶牛干物质需求算法如下。

适用于偏精料型日粮的参考干物质采食量（kg）= $0.062W^{0.75}+0.04Y$

适用于偏粗料型日粮的参考干物质采食量（kg）=

$0.062W^{0.75}+0.45Y$

式中：

Y——标准乳重量，单位为千克（kg）

W——体重，单位为千克（kg）

4%乳脂率的标准乳（FCM）（kg）= 0.4×奶量（kg）+15×乳脂量（kg）

二、能量

在我国《奶牛营养需要和饲养标准》中，对不同体重生理阶段的奶牛能量需要都有明确规定。

奶牛的能量需要可分为维持、生长、妊娠和泌乳几个部分。能量不足和过剩都会对奶牛造成不良影响。如果能量供应不足，青年牛生长发育就会受阻，初情期就会延长，产奶牛如果能量供给低于产奶需要时，不仅产奶量降低，泌乳牛还会消耗自身营养转化为能量，维持生命与繁殖需要，严重时会引起繁殖功能紊乱。能量过多会导致奶牛肥胖，母牛会出现性周期紊乱，难孕、难产等。还会造成脂肪在乳腺内大量沉积，妨碍乳腺组织的正常发育，影响泌乳功能而导致泌乳量减少。

三、蛋白质

蛋白质是构成细胞、血液、骨骼、肌肉、激素、乳皮毛等各种器官组织的主要成分，对奶牛的生长、发育、繁殖和生产有着重要的意义。当饲料中的蛋白质供应不足时，奶牛的消化机能减退，表现生长缓慢、繁殖机能紊乱、抗病力下降、组织器官和结构功能异常，严重影响奶牛的健康和生产。在我国《奶牛营养需要和饲养标准》中详细地列出了母牛的维持、产奶、妊娠可消化粗蛋白质和小肠可消化粗蛋白质的需要量。

四、粗纤维

饲料中的粗纤维对反刍动物的营养意义特别重要。饲料粗纤维的分析指标常用的是粗纤维（CF）、酸性洗涤纤维（ADF）和中性洗涤纤维（NDF），而表示纤维的最好指标是中性洗涤纤维。奶牛是草食家畜，日粮中需要一定量的植物纤维，日粮中纤维不足或饲草过短，将导致奶牛消化不良，瘤胃酸碱度下降，易引起酸中毒、蹄叶炎、真胃变位，并可使奶牛的乳脂率下降等。如果日粮中植物粗纤维比例过多，则会降低日粮的能量浓度，减少奶牛对干物质的采食量，同样对奶牛产生不利。其主要原因是，粗纤维不易被消化且吸水量大，可起到填充肠胃的作用，给牛以饱腹感；粗纤维可刺激瘤胃壁，促进奶牛瘤胃蠕动和反刍，保持乳脂率。

奶牛日粮中要求至少含有15%~17%的粗纤维。一般高产奶牛日粮中要求粗纤维超过17%，干乳期和妊娠末期牛日粮中的粗纤维为20%~22%。用中性洗涤纤维表示，奶牛日粮中性洗涤纤维为28%~35%最理想。在实际生产中，奶牛日粮干物质中精料的比例不要超过60%，这样才可提供足够数量的粗纤维。

黑白花奶牛

五、矿物质

根据矿物质占动物体比例的大小，可将奶牛矿物质需要分为常量元素和微量元素，动物体比例在0.01%以上的为常量元素，包括钙、磷、钠、氯、镁、钾、硫；低于0.01%的为微量元素，包括铜、铁、锌、锰、钴、碘、氟、铬等。

1. 钙和磷的需要

钙是奶牛需要量最大的矿物质元素，特别是对泌乳牛。奶牛体内的98%的钙存在于骨骼和牙齿中，其余的存在于软组织和细胞外液中。钙除了参与形成骨骼与牙齿以外，还参与肌肉的兴奋、心脏的节律收缩的调节、神经兴奋的传导、血液凝固和牛奶的生产等。钙的缺乏导致奶牛产奶量下降、采食量下降，出现各种骨骼症状，如幼龄动物的佝偻病，成年动物患软骨症，奶牛患乳热症（分娩瘫痪）。

磷除了参与机体骨骼的组成外，还是体内许多生理生化反应不可缺少的物质，若磷不足，幼龄动物患佝偻病，成年动物患软骨症，生长速度和饲料利用率下降，食欲减退、异食癖、产奶量下降、乏情、发情不正常或屡配不孕等。

奶牛每天从奶中排出大量钙磷，由于日粮中钙磷不足或者钙磷利用率过低而造成奶牛缺钙磷的现象较常见。日粮的钙磷配合比例通常以（1~2）：1为宜。在我国《奶牛营养需要和饲养标准》（2004）中，详细地列出了母牛的维持、产奶、妊娠母牛的钙磷需要。即维持需要按每100kg体重给6g钙和4.5g磷；每千克标准乳给4.5g钙和3g磷可满足需要。生长牛维持需要按每100kg体重给6g钙和4.5g磷；每增重1kg给20g钙和13g磷可满足需要。

2. 食盐的需要

食盐主要有钠和氯组成。钠和氯主要分布于细胞外液，是维持外渗透压、酸碱平衡和代谢活动的主要离子。奶牛缺食盐会产生异食癖、食欲不振、产奶量下降等。食盐的需要量占奶牛日粮干物质进食量的0.46%或按配合料的1%计算即可。非产奶牛按日粮干物质进食量的 0.25%～0.3%计算。奶牛维持需要的食盐量约为每 100kg 体重 3g，每产 1kg 标准乳供给 1.2g。

六、维生素

维生素分为脂溶性和水溶性两大类。脂溶性包括维生素 A、维生素 D、维生素 E 和维生素 K，水溶性包括 B 族维生素和维生素 C。维生素是奶牛维持正常生产性能和健康所必需的营养物质，具有参与代谢免疫和基因调控等多种生物学功能。维生素的缺乏会导致各种具体的缺乏病，严重影响奶牛的正常生产性能。一般对于牛仅补充维生素 A、维生素 D、维生素 E 即可，维生素 K 可在瘤胃合成，而水溶性维生素瘤胃微生物均能合成。但是，研究显示，在现代奶牛生产体系中，仅依靠瘤胃合成，某些水溶性维生素可能不能够满足高产牛的需要。

1. 维生素 A

维生素 A 对奶牛非常重要，它与视觉上皮组织、繁殖骨骼的生长发育，皮质酮的合成及脑脊髓液压都有关系。维生素 A 缺乏症表现为上皮组织皮质化、食欲减退，随后而来的是多泪、角膜炎、干眼病，有时会发生永久性失明，妊娠母牛维生素 A 缺乏会发生流产，早产胎衣不下，产出死胎、畸形胎儿或瞎眼犊牛。

奶牛所需的维生素 A，主要来源于日粮中的 β-胡萝卜素，植物性饲料中含有维生素 A 的前体物质 β-胡萝卜素，可在动物体内转化维生素 A，但一般情况下转化率很低，一般新鲜幼嫩牧草含有的 β-胡萝卜素较多，β-胡萝卜素在青绿牧草干燥加工和贮藏过程中易氧化破坏，效价明显降低。而且植物性饲料的维生素 A 含量受到植物种类成熟程度和贮存时间等多种因素的影响，变异幅度很大。在大多数情况下，尤其是在高精料日粮、高玉米青贮日粮、低质粗日粮、饲养条件恶劣和免疫机能降低的情况下，都需要额外地补充维生素 A。

实际日粮中的 β-胡萝卜素含量变化很大，而且在实际生产中根本也无从知道饲粮中 β-胡萝卜素的实际含量。

特别在下列条件下应该着重考虑补充额外的维生素 A。

（1）低粗料饲粮：长期饲喂低粗料饲粮的牛只，其瘤胃对维生素 A 的破坏程度更高，β-胡萝卜素的摄入量更少。

（2）以大量青贮玉米和少量的牧草为主的饲粮：这种饲粮中 β-胡萝卜素的含量很少。

（3）处于围产期的奶牛：该时期奶牛的免疫活性降低，免疫系统对维生素 A 需要量增大。

2. 维生素 D

维生素 D 是产生钙调控激素 1,25-二羟基维生素 D 的一种必需前体物，这种激素可提高小肠上皮细胞转运钙、磷的活性，并且增强甲状腺旁激素的活性，提高骨钙吸收，对于维持体内钙磷状况稳定，保持骨骼和牙齿的正常具有重要意义。1,25-二羟基维生素 D 还与维持免疫系统功能有关，通常促进体液免疫而抑制细胞免疫。维生素 D 的基本功能是促进肠道钙和磷的吸收，维持血液中的钙、磷的正常浓度，促进骨骼和牙齿的钙化。维生素 D 缺乏会降低奶牛维持体内钙、磷平衡的能力，导致血浆中钙、磷浓度降低，使幼小动物出现佝偻病，成年动物出现骨软化，在幼小动物中，佝偻病导致关节肿大疼痛。成年动物中，跛足病和骨折都是维生素 D 缺乏的常见后果。

由于奶牛对维生素 D 的需要量很难界定，通常认为奶牛采食晒制干草和接受足够太阳光照射的条件下，就不需要补充维生素 D，青绿饲料、玉米青贮料和人工干草的维生素 D 含量也较丰富，但给高产牛和干奶牛补充维生素，可提高产奶量和繁殖的性能。

3. 维生素 E

维生素 E 的生理功能主要是作为脂溶性细胞的抗氧化剂，保护膜尤其是亚细胞膜的完整性，增强细胞和体液的免疫反应，提高抗病力和生殖功能。白肌病是典型的维生素临床缺乏病，繁殖紊乱，产乳热和免疫力下降等问题也与维生素 E 存在不同程度的关系。当硒充足时，给干奶期的奶牛添加维生素 E，可降低胎衣不下、乳腺感染和乳房炎的发生率。

由于影响维生素 E 需要的因素较多，在实践生产中，可根据下列情况调整维生素 E 的添加量。

（1）饲喂新鲜牧草时减少维生素 E 的添加量。当新鲜牧草占日粮干物质 50%时，维生素的添加量较饲喂同等数量贮存饲草的低 67%。

（2）当饲喂低质饲草日粮时，维生素 E 的添加量需要提高。

（3）当日粮中硒的含量较低时，需要添加更多的维生素 E。

（4）由于初乳中 α-生育酚含量较高，故在初乳期需要提高维生素 E 的添加水平。

（5）免疫力抑制期（如围产前期），需要提高维生素 E 的添加水平。

（6）当饲料中存在较多的不饱和脂肪酸及亚硝酸盐时，需要提高维生素 E 的添加水平。

（7）大量补充维生素 E，有助于降低牛奶中氧化气味的发生。

4. 维生素 K

维生素 K 具有抗出血作用，正常情况下，奶牛瘤胃内微生物能合成大量的维生素 K。

5. 水溶性维生素

瘤胃微生物能合成大部分的水溶性维生素（生物素、叶酸、烟酸、泛酸、维生素 B_6、核黄素、维生素 B_1、维生素 B_{12})，而且大部分饲料中这些维生素含量都很高。犊牛哺乳期间的水溶性维生素需求可以通过牛奶满足。

七、水

水是奶牛最重要的营养素。生命的所有过程都需要水的参与，比如维持体液和正常的离子平衡，营养物质的消化吸收和代谢，粪尿和汗液的排出，体热的散发等都需要水。奶牛需要的水来源于饮水、饲料中的水以及体内的代谢水。其中，以饮水最为重要，而奶牛的饮水量受产奶量、干物质进食量、气候条件、水质等多种因素影响。

为保证奶牛的饮水量要做到以下几点。

(1) 充足的饮水量，一般采取自由饮水。

(2) 优质的水源，饮水必须是干净、无污染的；有条件的同时要测试水的质量，盐分、可溶固形物及可溶性盐、硬度、硝酸盐、pH 值 (6.5~8.5)、污染物、细菌含量等。

(3) 合理的饮水环境和条件，如水温，饮水器附近的地面要平坦、宽敞、舒适等。

第二节　奶牛舍环境及卫生防疫

奶牛舍的环境控制是目前我国奶牛业向高层次发展的重要环节，发达国家畜舍建筑的发展较快，已经基本上实现了装配化、标准化和定型化，人为制造的小环境对产奶量起到了关键的作用。环境卫生差是导致奶牛发生乳房炎、肢蹄病、不孕症三大疾病的直接原因。奶牛粪尿排泄量很大，易造成牛舍、牛床和运动场污染，因此应及时清除粪尿。新建牛场一定要把牛场内净道(即牛群周转、饲养员行走、场内运送饲料、奶车出入的专用道路）与污道（即粪便等废弃物、淘汰牛出场的道路）分开，污道在下风向，雨水和污水应分开，目的是为了防止将污道的病原带到净道，进而带到生产区，以保证牛只的卫生与健康，减少乳房炎及其他疾病的发生，从而降低牛奶中细菌总数。场区内应设有粪尿处理设施如沼气池等，处理后的粪便应符合粪便无害化卫生标准的规定，排放出场的污水必须符合污水综合排放标准的要求，防止二次污染。及时清洗、消毒食槽和饮水设备，避免细菌滋生。一般牛场使用的是饮水槽，尤其是进入夏季后细菌繁殖速度很快，如果不经常清洗、消毒，牛喝了不洁净的水，很容易生病。

为了保证奶牛场的正常生产，防止疾病的发生，整个牛场的卫生消毒必不可少。奶牛场的卫生消毒是减少或消灭病原微生物的有效途径，春季进行消毒处理，更具有事半功倍效果。

一、消毒

1. 消毒剂的选择

应选择对人、奶牛和环境比较安全，没有残留毒性，对设备没有破坏和在牛体内不产生有害积累的消毒剂。根据消毒对象不同，所选用的消毒剂和消毒方法也各不相同。一般奶牛场可选用的消毒剂有石炭酸（苯酚）、煤酚皂（来苏儿）、双酚类、次氯酸盐、有机碘混合物（碘伏）、过氧乙酸、生石灰、氢氧化钠（火碱）、高锰酸钾、硫酸铜、新洁尔灭、松馏油、酒精等。国家最新制定的无公害牛奶生产标准，允许使用消毒防腐剂对饲养环境、棚舍和器具进行消毒，但不能使用酚类进行器具消毒。

2. 牛舍及环境消毒

牛舍至少应在春、秋季各进行一次彻底消毒，牛舍、牛床、墙、饲槽、粪沟等处可喷洒3%的热火碱溶液，天棚等处可用5%来苏儿消毒。以后在每批牛只下槽后，把牛舍彻底清扫干净，定期用高压水枪冲洗，并在牛舍周围、入口、产床和牛床下面撒生石灰或喷雾2%火碱溶液进行消毒，以杀死细菌或病毒。牛舍周围环境（包括运动场）每2周左右用2%火碱溶液消毒喷洒或撒生石灰1次；场周围及场内污水池、排粪坑和下水道出口每月用漂白粉消毒1次。在大门口和牛舍入口设消毒池，消毒池内消毒液要经常更换。

3. 定期消毒各种工具

要定期对饲喂用具、饲料车等进行消毒，可选用0.1%新洁尔灭或0.2%~0.5%过氧乙酸。日常用具、挤奶设备和奶罐车、兽医器械、配种器械等在使用前后也要进行彻底清洗和消毒，进出车辆进行严格彻底消毒后方可出入。挤奶机器管道用35~46℃温水及70~75℃的热碱溶液进行清洗消毒，以除去管道内的残留矿物质，同时也可防止微生物的滋生与繁殖。

4. 工作人员消毒

场区内必须设有更衣室、厕所、淋浴室、休息室等，更衣室内应按人数配备衣柜，厕所内应有洗手用的清洗剂。工作人员进入生产区，应进行更衣、踩踏消毒池，再经紫外线照射消毒3~5min。尽量避免外人参观，外来参观者进入场区参观应更换场区工作服和工作鞋，经紫外线消毒。另外，工作服不应穿出场外，工作服和工作鞋要定期用一定浓度的新洁尔灭、有机碘混合物或煤酚皂的水溶液进行消毒。

5. 对牛体和环境同时进行消毒

定期用0.1%新洁尔灭、0.3%过氧乙酸进行带牛环境的消毒，这样既消灭了牛体表、枷杠和料槽表面的微生物，还避免了牛只间微生物的传染，但在进行带牛消毒时，一定要避免消毒剂污染牛奶。在挤奶、助产、配种、注射治疗及任何对奶牛进行接触操作前，须先将牛有关部位如乳房、乳头、阴道口和后躯等用清水冲洗、擦洗干净，再进行消毒擦拭，防止人为地传播疾病。另外，定期用4%硫酸铜溶液对牛进行喷洒浴蹄，以降低蹄病的发生率，保证牛体健康。控制好奶牛舍的环境是保证提高奶牛生产能力、获得更高经济效益和环保效益的关键。因此，在生产实践中应控制好奶牛舍环境，为奶牛创造出适合奶牛生理和行为特征所需要的生活和生产条件。此外，还应做好牛体卫生管理，充分发挥其生产潜力，实现高产、高效。

二、环境控制

1. 温度

奶牛的特点是怕热不怕冷，一般情况下乳用母牛的适宜温度范围为5~25℃，生产环境温度为5~30℃。这就要求北方地区在冬季寒冷时，给牛舍提供必要的热源以增高舍温，并加强牛舍的保温；而在夏季炎热时，必须给牛舍降温。不同类型的牛舍，其温度控制方法有所不同。

有窗封闭牛舍在我国北方地区使用比较普遍，其建筑形式多以砖瓦结构为主，屋顶起脊，南向开窗，北向设有换气口，通风换气仅依赖于门、窗或通风口。牛舍的大小不等，通常情况下每头育成牛占舍面积8~10m^2。在外界气温不是很低的情况下，一般封闭型牛舍不用人工增温，牛体散发的体增热就可用于保持舍温，但在外界最低气温低于-12~-10℃时应进行人工供暖。目前应用较普遍的供暖方式主要有暖风机、热风炉和地火龙等设施。可以根据各养殖场自有设备条件和经济条件加以运用，但必须保持舍内不同位置的温度相对平衡，防止出现舍内温差过大，温度差应控制在3~4℃。夏季炎热时，牛舍内的温度通常会很高，虽然高温有利于奶牛对干物质、能量和粗蛋白的消化，但是温度高于25℃会使采食量大幅度下降，维持能上升。当环境温度高于30℃时，奶牛的泌乳量会大幅度下降。为了使牛有最适宜的生长、生产环境，夏季舍内温度应控制在 25℃以下。牛舍的降温主要是靠通风扇、水雾器和湿帘等设备。半开放式和开放式牛舍跨度较小，保温性能较差，仅适用于小型牧场及南方温暖地区，所以不用人工取暖，但必须做好棚顶的隔热设计，以免发生热应激。

2. 湿度

牛舍内的相对湿度不能过高或过低，一般以 50%～75%为宜。牛舍温度适宜时，湿度的影响不大，但在高温和低温时，加大湿度对奶牛生产和健康会产生不良影响，尤其是高温高湿环境，会对奶牛的产奶量产生严重影响。在生产中，由于奶牛排尿较多，舍内湿度往往偏大。因此，在实际生产中，应采取措施降低舍内湿度，如保持适当的通风换气，及时清除舍内粪尿和污水，减少冬季舍内用水量和勤换垫料等措施。

3. 有害气体

有害气体超标是构成牛舍环境危害的重要因素。空气污染主要来源于畜禽呼吸、粪尿和饲料等有机物分解产生的如氨气、硫化氢、二氧化碳、沼气、粪臭素和脂肪族的醛类、硫醇、胺类等有害气体，如果空气中的有害气体达到一定的浓度，不但会影响奶牛的健康和生产能力，还会危害工作人员的身体健康，引起呼吸道疾病，甚至影响周边地区的空气环境质量。因此，在实际生产中要对舍内气体实行有效控制，主要途径就是通过通风换气带走有害气体，引进新鲜空气，使牛舍内的空气质量得到改善。同时，及时清理并无害化处理粪尿。此外，饲料营养成分的不平衡导致有机物质的排放量增加，使粪便氨气、硫化氢等的释放量增多。所以合理设计饲料配方或使用微生物添加剂等无污染的饲料添加剂，尽可能地减少粪便有机物的排放也是减少舍内有害气体的有效途径。GB/T 18407.3—2001 农产品安全质量　无公害畜禽肉产地环境要求规定牛舍每立方米氨气浓度不能超过 15mg，硫化氢不能超过 12mg，一氧化碳短时间允许 3mg，日平均量最高 1mg，二氧化碳小于2 950mg。

4. 生物污染物

生物污染物是指饲料与牧草霉变产生的霉菌毒素、各种寄生虫和病原微生物等污染物。饲料的加工保存是应该重视的问题，购买饲料时尽量从大厂家或通过国家质量鉴定的厂家购买。

5. 社会环境

社会环境是指对家畜生产、健康以及分布具有影响的人类社会活动的综合。舍饲奶牛的社会环境主要是指饲养管理措施、生产设备及治理环境污染措施等。现代畜牧业生产的显著特点是一方面集约化程度高，畜牧业生产规模大，生产的社会化和专业化程度高；另一方面生产效率高，畜产品和环境质量好。在人为管理上控制好畜栏的大小、地面材料与结构、墙壁的涂料、机械设备的运行；而在饲养管理上根据奶牛情况合理配好饲料成分、注意饲料的投放方法，粪尿要无害化处理，掌握好挤奶设备的操作方法。

6. 管理

牛舍内的尘埃和微生物主要来源于饲喂过程中的饲料分发、采食、运动、清洁卫生时飞扬起来的灰尘等，因此要求饲养员在日常工作时尽量避免尘土飞扬。此外，要严格执行消毒制度，门口设消毒室（池），室内安装紫外灯，池内置 2%～3%氢氧化钠液或 0.2%～0.4%过氧乙酸等药物。同时，工作人员进入场区（或牛舍）必须更换工衣。奶牛对突然而来的噪声最为敏感。据报道，当噪声达到 110～115 分贝时，奶牛的产奶量下降 30%以上，同时会引起惊群、早产、流产等症状。所以，奶牛场选择场址时，应尽量选在无噪声或噪声较小的场所。同时应尽量选择噪

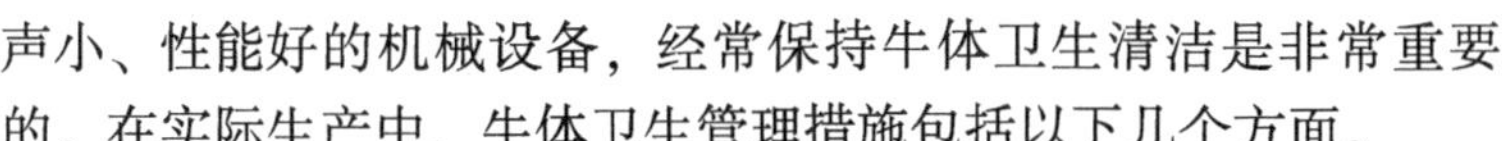

声小、性能好的机械设备，经常保持牛体卫生清洁是非常重要的。在实际生产中，牛体卫生管理措施包括以下几个方面。

（1）严格防疫、检疫和其他兽医卫生管理制度　对患有结核、布病等传染性疾病的奶牛，应及时隔离并尽快确诊，同时对病牛的分泌物、粪便、剩余饲料、垫草（沙子）及剖析的病变部分做焚烧无害化处理。另外，每年春秋季各进行一次全群驱虫。

（2）刷拭牛体　宜在挤奶前30min进行，否则会由于尘土飞扬而污染牛奶。刷下的牛毛应收集起来，以免牛舔食而影响牛的消化。有些试验资料表明，经常刷拭牛体可提高产奶量3%~5%。

（3）修蹄　在舍饲条件下，奶牛活动量小，蹄子长得快，容易引起肢蹄病，或因肢蹄患病引起关节炎。而且较长的牛蹄会划破乳房，造成乳房损伤并感染其他疾病（特别是围产前后期）。因此，应坚持定期修蹄，保持牛蹄干净。搞好环境消毒，创造干净、干燥的环境条件，保护牛蹄健康。保持运动场平整，及时清除异物和粪便。加强饲养管理，减少蹄部的损伤。加强对牛蹄的监测，发现病情应及时治疗，防止病情恶化。坚持用5%的硫酸铜浴蹄，做好春秋两季的修蹄工作。

（4）铺垫料　牛的卧床上应铺碎而柔软的垫草如麦秸、稻草等，并每天进行铺换，或用干净而吸潮性的沙子。每天松土，每周换1次沙子。为了保持牛体卫生，还应清洗乳房和牛体上的粪便污垢。

只有因地制宜、统筹兼顾、科学合理地配置各种设施和设备，并做好饲料的配方工作，才能做到牛奶的清洁生产、不浪费资源而得到污染物质的最少量排放，做好奶牛舍环境控制及奶牛饲养管理工作和牛体的保健工作，保证获得高产量和高质量的牛奶。在工厂化、集约化的现代奶牛业中，牛舍环境控制工作是提高奶产量和质量，获得最佳的经济效益和可持续发展最重要的环节。

第三节 奶牛品种的选择及注意事项

奶牛是乳用品种的黄牛，经过高度选育繁殖的优良品种，我国主要以中国荷斯坦奶牛为主，是由纯种荷兰牛与本地母牛的高代杂交种经长期选育而成。

一、奶牛的挑选方法

1. 奶牛品种

最好选择荷斯坦奶牛，避免买到黄改牛（用荷斯坦奶牛的冷冻精液配本地黄牛产下的杂交牛和假荷斯坦奶牛）。

2. 体型外貌

应该挑选膘情适中、结构匀称、皮薄毛细、头颈清秀、眼大有神、前胸较宽、背腰平直、四肢结实、乳房附着良好、乳头分布均匀的奶牛。

3. 生产性能

除了从奶牛的体型外貌和乳房发育情况估计其生产性能外，还通过查阅谱系资料中奶牛本身以往各胎次的产奶量和乳脂率以及其母亲、祖母、外祖母的产奶量和乳脂率。

4. 繁殖能力

对成年奶牛要了解其初产月龄、以往各胎次的产犊间隔、胎间距、本胎产犊日期、产后第 1 次配种日期、最近 1 次配种日期等。对青年奶牛要了解其初配月龄、配种日期、受胎日期、配种次数等。

5. 健康状况

①通过观察奶牛的精神状态、膘情状况、食欲情况、鼻镜湿润程度等判断其是否健康。②查看谱系资料中奶牛的患病记录及以往检疫结核、布氏杆菌病等和预防注射（炭疽、口蹄疫等）情况。③了解当地是否有牛传染病流行，重点是结核、布氏杆菌病、口蹄疫、传染性气管炎等。④查看是否有当地兽医主管部门开具的近期检疫证明。

二、奶牛的优良品种

1. 中国荷斯坦奶牛

中国饲养的奶牛是以“中国黑白花奶牛”为主。中国荷斯坦牛的原名为“中国黑白花奶牛”，于1992年更名为“中国荷斯坦奶牛”。该品种是利用引进国外各种类型的荷斯坦牛与中国

中国荷斯坦奶牛

的黄牛杂交，并经过了长期的选育而形成的一个品种，这也是中国唯一的优质奶牛品种。中国荷斯坦奶牛又名中国黑白花奶牛，是引入国外的黑白花奶牛经过长期选育驯化或与各地黄牛进行3代以上杂交后选育而形成的乳用品种。毛色多呈黑白花或白黑

花，体质细致结实，体躯结构匀称，泌乳系统发育良好，乳房附着良好，质地柔软，乳静脉明显，乳室大小、分布适中。姿势端正，蹄质坚实。据21 905头品种登记牛的统计，305d 各胎次平均产乳量为6 359kg，平均乳脂率为 3. 56%。

中国荷斯坦奶牛性成熟早，成年公牛体重1 000kg以上，成年母牛 600kg 以上，犊牛初生重一般为 45～55kg。未经肥育的淘汰母牛屠宰率为 49. 5%～63. 5%，净肉率为 40. 3%～44. 4%。经肥育 24 月龄的公犊牛屠宰率为 57%，净肉率为 43. 2%。

2. 娟姗牛

娟姗牛是英国培育的奶牛品种。该品种以乳脂率高、乳房形状良好而闻名。娟姗牛体格较小，毛色深浅不一，由银灰至黑色，以栗褐色最多。鼻镜、舌与尾帚为黑色，鼻镜上部有灰色

娟姗牛

圈，一般公牛毛色比母牛深。娟姗牛体型清秀，轮廓清晰。其外观特征是：头轻而短，两眼间距宽，额部凹陷，耳大而薄，鬐甲狭窄，肩直立，胸浅，背线平坦，腹围大，臂部长平宽，尾帚细长，四肢较细，蹄小，全身肌肉清瘦，皮肤薄，乳房发育良好。娟姗牛初生重为 23～27kg，成年母牛 300～400kg，公牛为 500～650kg。本品种牛性成熟早，通常在 24 月龄产犊。乳脂黄色，脂

肪球大，适宜制作黄油。该品种在美国、英国、加拿大、日本、新西兰、澳大利亚等国均有饲养，但其数量逐年下降。我国过去饲养的娟姗牛，年产乳量为2 500~3 500kg，目前在我国已绝迹。但是因其乳脂率高，适应热带气候，所以重新引进一定数量的娟姗牛，对于改良我国南方热带的奶牛很有必要。

3. 西门塔尔牛

西门塔尔牛原名红花牛。产于瑞士阿尔卑斯西北部山区，其中以西门塔尔平原牛最为著名，因此称为西门塔尔牛。原产地气候寒冷，有广阔的天然牧场和山地牧场。西门塔尔牛原为役牛，

西门塔尔牛

由于市场对乳肉的需求，经长期选育，培育出了现代的大型乳肉兼用牛。西门塔尔牛具有适应性强，耐高寒，耐粗饲，寿命长，产乳、产肉性能高等特点。毛色多为黄（红）白花，头尾与四肢为白色，皮肤粉红色。在不同国家，体型和生产性能有差异，在原产地瑞士，向乳用型发展。据对164 000个标准泌乳期资料统计，平均产乳量为4 074kg，乳脂率为3.9%。肉质好，屠宰率为65%。周岁内平均日增重为900~1 000g，具有生长速度快的特点。

4. 三河牛

三河牛是一种十分良好的奶牛品种，也可做肉牛食用。产于内蒙古呼伦贝尔盟大兴安岭西麓的额尔古纳右旗三河。

三河牛

5. 新疆褐牛

新疆褐牛为乳肉兼用品种，自 20 世纪 30 年代起历经 50 多

新疆褐牛

年育成。其母本为哈萨克牛，父本为瑞士褐牛、阿拉托乌牛，也曾导入少量的科斯特罗姆牛血液。其种群包括原伊犁地区的“伊犁牛”、塔城地区的“塔城牛”及疆内其他地区的褐牛。曾统称为“新疆草原兼用牛”，后于 1979 年全疆养牛工作会议上

统一名称为“新疆褐牛”。

6. 草原红牛

草原红牛是吉林、内蒙古自治区（全书简称内蒙古)、河

草原红牛

北、辽宁四省协作，以引进的兼用短角公牛为父本，我国草原地区饲养的蒙古母牛为母本，历经杂交改良、横交固定和自群繁育3个阶段，在放牧饲养条件下育成的兼用型新品种。1985年通过农牧渔业部验收，命名为中国草原红牛。

7. 更赛牛

更赛牛

更赛牛属于中型乳用品种，原产于英国更赛岛，以高乳脂、高乳蛋白以及奶中较高的胡萝卜素含量而著名。同时还具有单位奶量饲料转化效率较高、产犊间隔较短、初次产犊年龄较早、耐粗饲、易放牧、对温热气候有较好的适应性等特点。

8. 爱尔夏牛

爱尔夏牛属于中型乳用牛，原产于英国爱尔夏郡，著名乳牛品种之一，以早熟、耐粗饲、适应性强为特点，先后出口到日本、美国、芬兰、澳大利亚、加拿大、新西兰等 30 多个国家，我国广西、湖南等许多省市曾有引用，但由于该品种富精神质、不易管理，如今纯种牛已很少。

爱尔夏牛

第四节　不同时期奶牛的饲养管理及注意事项

一、奶牛犊牛期的饲养管理及注意事项

犊牛是指从出生到 6 月龄的牛，犊牛期是奶牛养殖的关键时期，成年奶牛要高产就必须做好犊牛时期的饲养管理工作。

犊牛脱离母体后，应立即用清洁的软布擦净鼻腔、口腔及其周围的黏液，以免黏液妨碍犊牛正常呼吸造成窒息。犊牛身上其他部位的胎液最好让母牛舔舐干净，必要时用干净、柔软的棉布擦干，以免犊牛受凉。如脐带未自然扯断，可在距离犊牛腹部约10cm处用两手卡紧脐带揉搓2min左右，在揉搓处远端用消毒过的剪刀将脐带剪断，然后用5%碘酊消毒，以免感染。犊牛出生后应尽快将犊牛与母牛隔离，以免母牛不慎伤到犊牛和母牛认犊之后不利于挤奶。初乳中含有比常乳更高的蛋白质、脂肪、维生素和大量的免疫球蛋白、溶菌酶，能杀灭和抑制病菌，起到缓泻、促进消化机能正常活动和增强免疫的作用。实践证明，犊牛出生后早吃、多吃初乳，吃得越早越多，犊牛增重越快，体质越强，成活率也越高。犊牛的饲喂必须做到"定质、定时、定量、定温、定人"。定质，即必须保证常乳和代乳品的质量，低质和变质乳品会导致犊牛生长发育缓慢，引发腹泻或中毒甚至死亡。定时，即每天的饲喂时间相对固定，同时保持合适的饲喂间隔，避免犊牛因时间间隔过长暴饮或时间过短来不及消化造成消化不良。定量，是每日、每次的喂量按饲喂计划进行合理分配，同时按犊牛的个体大小、健康状况灵活掌握，饲料喂量变更要循序渐进。定温，是要保证乳品的温度，奶温一般控制在35~40℃，夏天在34~36℃，冬天在38~40℃，奶温不可忽冷忽热。定人，即固定饲养人员，以减少应激和防止意外发生。0~7日龄出生后饲喂初乳，每天喂量不超过体重的8%~10%，分3~4次饲喂。初乳最好即挤即喂，以保持乳温；7~20日龄常乳喂量为体重的10%，此阶段可给犊牛饲喂粗饲料。

犊牛瘤胃的活动力随着吃青草或干草量的增多而增强，一般犊牛出生后第2周便可少量补饲苜蓿叶和饲料。开始试吃时，将少量湿料抹入其嘴中，也可将新鲜的干犊牛料置于饲料盒内，每天只给能吃完的量。随着犊牛采食量的增大，逐渐增加饲草料的数量和种类，以优质豆科和禾本科牧草为主；20 日龄 2 月龄前期的常乳喂量为体重的 10%~12%，8 周龄后逐步减少喂量，直至断奶。此阶段可在原有饲料的基础上补喂多汁青料，开始每天在精料中加入切碎的胡萝卜或其他瓜菜、青草类 20~25g，以后逐渐增加；2 月龄以后精饲料日喂量应达到 1kg 以上。在配制好的精饲料中，每千克添加 1mg 维生素 A、0.2mg 维生素 D 和适量 B 族维生素。每天饲喂青贮料 100~150g，逐渐增加喂量，3 月龄时每天喂 1.5~3kg，4~6 月龄时每天喂 4~5kg。

哺乳期犊牛应一牛一栏单独饲养，犊牛饲养室要平坦、干燥、清洁、通风、背风向阳、冬暖夏凉。垫草要勤换，粪便要及时清除，清除后撒上石灰消毒。哺乳用具在每次使用后必须清洗干净，定时高温消毒。母犊混养的小型养殖场，如果哺乳母牛有病，应将犊牛与母牛隔离开，不允许犊牛再吃母牛的奶，此时采取人工喂奶，或喂其他健康奶牛的奶，做到定时、定量。犊牛每次吃乳 1~2h 后，应喂饮适量的温水。开始要人为控制饮水，以防胀肚，7~10d 后逐步过渡到自由饮水。控制饮水时，每天饮水次数与喂奶次数相同。夏天控制饮水时，每次饮水量从 0.5kg 逐步增加到 1.5kg，温度从 30℃逐步降低到 20℃；冬天控制饮水时，每次饮水量从不给水逐步增加到 1.0kg，温度从 35℃逐步降低到 15℃，以适应自由饮水，防止下痢。犊牛出生 5~6 日龄后，每天刷拭牛体 1 次。刷拭起着按摩皮肤的作用，能促进皮肤的血液循环，加强代谢，既有利于犊牛发育，又防止体表寄生虫滋生，同时养成犊牛温驯的性格。每年的 5—6 月、12 月，犊牛容易发病，应根据情况进行预防。冬季做好防寒工作，保持环境温度不低于 18℃，夏季做好防暑、防潮工作。犊牛每天户外运动时间应不少于 2h，但夏天要避开中午阳光最强的时段，冬天要避开阴冷天气，最好中午较暖和时进行户外运动。犊牛出生后 20~30 日龄去角。过早去角，会导致应激过大，容易造成犊牛生病或死亡；过晚，则角基生长点已角质化，容易造成去角不彻底而再次长出。去角务必要去干净，常用的去角方法有电烙铁法和火碱棒法。奶牛乳房有4个正常的乳头，但有的牛在正常乳头附近有小的副乳头，应将其除掉。去副乳头的最佳时机在2~4周龄。先对副乳头周围清洗消毒，再轻拉副乳头，用消毒剪刀在副乳头基部剪除，然后消毒。喂料做到四看，一是看食槽。犊牛没吃净食槽内的饲料就抬头慢慢走开，说明喂料过多；如果食槽底和壁上只留下地图一样的料渣舔迹，说明喂料量适中；如果食槽被舔得干干净净，说明喂料量不足。二是看粪便。粪便比纯吃奶时稍稠，说明喂料量正常。随着喂料量增加，犊牛排粪时间形成新的规律，且粪便像成年牛粪便一样油光发亮、发软。如果犊牛排出的粪便形状如粥，说明喂料量过多；如果排出的粪便像泔水一样稀，且臀部粘有湿粪，说明喂料量太大或水太凉。三是看食相。每到饲喂时间，犊牛就跑过来寻食，说明喂料量正常；如果犊牛吃净食料后，在饲喂室门前徘徊，不肯离去，说明喂料量不足；如果喂料时，犊牛不愿到食槽前，饲养员呼唤也不理会，说明上次喂料过多，或牛可能患有疾病。四是看肚腹。喂食时，如果犊牛腹陷很明显，不肯到食槽吃食，说明饲料变换太大不适口，或可能受凉感冒患了伤食症；如果犊牛肚腹膨大，不吃食，说明上次吃食过多，停喂1次即可好转。

当犊牛总喂乳量达到250~300kg、60日龄、连续3d吃0.7kg以上干物质时，便可断奶。如果断奶太早，营养跟不上，会影响犊牛生长；如果断奶太晚，不但会增加饲养成本，而且会影响犊牛的瘤胃发育和后期生长。断奶后，犊牛应继续饲喂断奶前精、粗饲料不少于2周，以后饲喂促生长日粮，日粮中蛋白质含量不低于16%，一直喂到6月龄。很多犊牛断奶后1~2周内日增重较低，同时表现出消瘦、被毛凌乱、没有光泽等症状，这主要是断奶应激造成的，不必担心，随着犊牛适应全植物饲料后，采食量增加，很快就会恢复。

目前，有的养殖场选择在犊牛2月龄时进行早期断奶，但在实际养殖生产中还要根据犊牛实际情况来确定最佳断奶时机。综合考虑犊牛个体发育、精神状态、食欲及增重水平等情况。一般要求犊牛连续采食量达到每天2kg左右，体重达到初生重的2倍即可断奶。奶牛在断奶时要逐渐进行，以免犊牛产生严重的断奶应激。牛在断奶后仍先以原饲料配方饲喂一段时间后再逐渐更换饲料，以降低犊牛因更改饲料产生的应激反应。犊牛在断奶后要先以原饲料配方饲喂一段时间后再逐渐地更换饲料。断奶犊牛的日粮主要以精料为主，并且随着犊牛日龄增加、体重的增大，食欲也增强，因此精料的饲喂量也增加，但是也不可过量，还需要饲喂充足的粗饲料，以确保犊牛瘤胃健康。

二、奶牛育成期的饲养管理及注意事项

育成牛是指犊牛断奶后至第1胎产犊前这时期的牛，育成牛处于生长发育阶段，这一时期的养育关系到体型的发育，影响到终身泌乳性能。7~15月龄育成牛是个体定型阶段，身体生长迅速，育成牛能较多地利用粗饲料，饲养上要以粗料为主，少量补饲精料，每天每头饲喂混合精料2.0~2.5kg，日粮蛋白水平达到13%~14%，选用中等质量的干草，培育耐粗饲性能，增进瘤胃机能，干物质采食量每头每天应逐步达到8kg，日增重不低于600g。管理上采取散放饲养、分群管理。育成牛生长到8~10月龄时出现周期性发情现象，配种过早，母牛难产率高，而且造成小母牛发育受阻，乳腺发育不良，产奶量低；配种过晚，会增加育成期费用，推迟产奶效益。因此，一定要掌握好适龄配种，在母牛15月龄体重达到340kg时，注意观察母牛发情，做到适时配种。16月龄至产前2~3周育成牛也称青年牛，青年母牛配种妊娠后，生长速度缓慢下降，体躯向宽、深方向发展。青年牛的

日粮以中等质量的粗饲料为主，视母牛体膘适当控制精料供给量，防止过肥，日给混合精料 2.5~3.0kg，日粮干物质采食量控制在 11~12kg，日粮粗蛋白水平 12%~13%。管理上采取散放饲养、自由采食，母牛 16 个月龄时配种，妊娠牛进行调教，使其温驯。预产前 21d 至分娩的育成牛，采用干奶后期饲养方式，日粮干物质采食量 10~11kg，日粮粗蛋白水平 14%，混合精料饲喂 3~5kg。补充微量元素及适量添加维生素 A、维生素 E，降低日粮中钙的水平，采用低钙饲养法，钙占日粮干物质的 0.4% 以下，钙、磷比例为 1∶1，以防止高钙引起母牛产后瘫痪。同时，降低日粮中食盐和多汁饲料的饲喂量，以避免母牛产前乳房水肿，食盐的喂量可由原来的每天 20~40g 降至 10~15g。母牛临产前 2~3d 内，还要注意增加一些易消化、具有轻泻作用的麸皮 0.5~1.0kg，以防母牛发生便秘。管理上应注意怀孕后期母牛自由运动，多晒太阳，促进维生素 D 的合成。妊娠前期可按育成牛饲养。放牧条件好时，补充一些干草供自由采食就可以满足要求。如果是舍饲，每天喂 1.5kg 精料，干草 11kg，如果使用青贮，则干草可用 5.5kg，青贮 10kg 左右。在临产前的 2~3 个月内，妊娠对营养物质的需求显著增加，同时子宫压迫瘤胃，使牛采食粗饲料的量减少，在妊娠期舍饲时，应该保持轻度的运动，以增进食欲，对顺利产犊会有好处。在妊娠中后期应按摩乳房，温水清洗乳房，对促进乳腺发育，提高产奶量非常有利。同时使牛适应产奶后的挤奶过程，一般按摩可在妊娠 5~6 个月时进行，至产前半个月停止。产后头几天可维持产前饲料供给水平，不要急于加料，待牛的体况恢复、乳房水肿消退、食欲恢复后再增加精料和优质粗料的供给量。

饲喂时间要固定，每天固定的饲喂时间能使牛形成良好的条件反射，促进消化液分泌，有利于饲料的消化和营养吸收。育成牛日喂 3 次，时间是 5 时、12 时、19 时，饲喂方法是先粗饲料后精饲料，每次要少喂勤添，喂完后30min供给饮水。饲养上要求供给足够的营养物质，所供日粮应有一定的容积，既能满足快速生长的营养需要，又能刺激前胃发育。日粮应以优质牧草、干草多汁饲料为主，适当补充一些精饲料。可掺喂一些秸秆和谷糠类，日粮蛋白质可保持在16%左右。

为牛创造适宜的生存环境，牛舍要求冬暖夏凉，空气新鲜，清洁干燥，附近防止有噪声，牛场要有足够的运动场，每头牛至少20m^2，牛舍和运动场上粪便要勤清理；奶牛最适温度为10~20℃，因此夏季要注意防暑降温，消灭蚊蝇，运动场设有凉棚，凉棚面积可按成年牛每头4~5m^{2}修建；冬季做好保暖防寒工作；圈舍及饲养用具定期消毒。根据当地疫病流行情况，定期进行检疫和疫苗接种，春、秋季节各进行1次驱虫。育成期是奶牛一生中生长发育最快速的时期，饲养管理跟得上的奶牛，育成后就能得到良好的发育，在以后的生产中就能发挥出良好的遗传潜力，获得较高的产奶量。育成期饲养管理不科学的奶牛，成年后主要表现为两种类型：一类是体躯狭浅，四肢细高，乳房发育不良，主要由于育成期营养欠佳所致；另一类是奶牛体躯过于丰满，外型好似肉牛，有些常不孕或出现难产，大多数出现肉乳房，产奶较少，这是由于育成期营养过剩所致。

育成期奶牛饲养管理水平直接关系到奶牛的体形、体重、乳腺的发育，影响奶牛一生的泌乳性能，因此，育成牛的培育对奶牛是非常重要的。实践证明，给育成牛提供的营养成分过高或过低都会给奶牛成长带来很大影响。过低，造成育成牛发育迟缓；过高，则导致育成牛过肥，脂肪易沉积在乳腺内，使终生产奶量下降。另外，育成牛不产奶，营养水平过高，只投入不产出，意味着生产费用加大，将导致饲养费用提高，经济效益下降。因此，对育成牛的营养水平要适度。既要保证在初配时达到一定的体形体重，又不要过肥过大，既满足育成牛生长发育的营养需要，又不要增加饲养的成本，实现这一点，就要了解育成牛这一阶段的生长发育规律并做好科学的饲养管理。

在育成阶段，牛要经过体成熟和性成熟两个过程。母犊牛生殖器官的发育随体躯的生长在进行变化，6 月龄前后生殖器官的生长在大大加快，逐渐进入性成熟阶段，即初情期。黑白花奶牛性成熟期在 11 月龄左右，但营养水平和气候的因素影响性成熟的早晚。一般情况，低营养水平，初情期出现较晚，最迟可到 18 月龄左右；高营养水平，初情期可出现较早，最早的在 7 月龄。正常营养水平在 11 月龄出现初情期。体成熟是指牛的肌肉、骨骼和内脏器官发育基本完成，并具有了成年牛固有的体态和结构，11 月龄牛生长发育程度达不到以上标准，因此，性成熟并不等于体成熟。在初情期出现后，如果发情伴有排卵，则可能受精，但若此时配种，由于母牛体格太小，容易引起难产。育成牛配种适宜期的体重，应达到成母牛体重的 70%，即可进行配种。但同样受到气候、营养条件的影响。美国规定初配牛体重的下限为 315kg，一般要求 15 月龄，体重达到 340kg 时配种。配种过早难产率高，而且影响小母牛的发育，乳腺发育不良，产奶量低；配种过晚会增加育成期费用，并推迟产奶效益。所以一定掌握好适时配种，不宜过早或过晚。

三、奶牛泌乳期的饲养管理及注意事项

奶牛泌乳阶段的饲养管理有利于提高奶牛的产奶量和牛奶的质量。既然要科学合理饲养管理，就要清楚奶牛泌乳期的各个阶段特征，依据实际情况采取合理的措施。奶牛泌乳期一般是指产后 15~20d，从产生初乳到产奶结束。这段期间既要合理供给营养，又得考虑成本的问题。只有饲养管理得当，才能达到低投入，高产出的效果。比如，奶牛产乳初期应该以恢复体况健康为主，不宜过早催乳；产乳盛期要保证蛋白和糖类物质的供给；产

乳中后期可以根据奶牛的健康状况添加粗饲料。在保证奶牛健康的情况下，获得更高的经济价值。

分娩后奶牛容易出现食欲下降，乳房水肿，但是此时应该让奶牛保持站立，利于胎衣的排出，同时避免出现子宫外脱和产道出血。分娩当天可以低浓度的高锰酸钾温水溶液清洗分娩的部位，达到消毒的目的。为了使奶牛尽早恢复健康，要注意补充水分和营养，一般可以用麸皮粥和益母草红糖水。麸皮粥中加入适量的食盐和碳酸钙，温水冲泡。益母草红糖水则是用益母草粉和红糖搭配，温水冲泡，连续饮用 3d。产乳初期，奶牛的食欲不佳导致摄入的营养减少，但是产奶量日益增加，对于饲养者是一个挑战。如果喂养的精料太多而引起消化不良，解决这一问题的关键在于孕期把牛养壮，提高奶牛的抵抗力。当奶牛健康恢复正常，食欲增加，可以逐渐增加精料的量。同时需要控制青绿饲料的喂养，适当多喂干草。此阶段的精料和粗料比例建议为 4∶6，在喂养精料的同时，混合青贮饲料和干草搭配。在产后 4d 左右，应将初乳挤完。但是避免一次性挤出，因为乳房内压的迅速降低可能导致微血管渗出，严重时可致奶牛产后瘫痪。挤奶时注意先进行热敷和按摩，待乳房水肿稍微缓解后方可挤奶。挤出大概 2~3kg 的初乳，用来喂犊牛。奶牛休息场所也应做出调整，尽量不要让奶牛在坚硬的地面上休息，可以添加干草铺垫。另外，需注意奶牛的运动，以尽快恢复健康。

产乳盛期是指奶牛分娩后 16~100d 的这一阶段。在这个时期，此阶段奶牛恢复健康，产乳量达到高峰，大概占整个产奶期产量的一半。奶牛进入日产乳量高峰和维持的时间对于经济效益至关重要，同时对奶牛的饲养管理方式也变得尤为重要。科学合理的饲养管理方式，不仅使奶牛的产奶量增加，而且对奶牛的身体状况也非常重要。这一阶段饲料中包含的能量和蛋白质是产乳期最高的，但是奶牛仍然会用到身体中储存的营养物质来满足产乳的需要。由于奶牛的采食高峰期总是要比泌乳高峰期延迟一个半月左右，所以这段时间奶牛的体重会明显下降。为了使奶牛的产乳量达到最大，一般在分娩 15d 左右，在平时饲喂的营养标准的基础上，额外增加少量的混合精料。为了保持奶牛的营养摄入量和产乳量的平衡，仍然需要重视其消化能力，可以利用一些奶牛喜欢的青草和多汁饲料，促进其食欲和消化能力。饲料中应额外添加能量和蛋白质，将奶牛体重的下降控制在合理的范围内，尽量保持机体能量代谢的平衡。

饲养方法也受季节影响，夏季采食的日粮较少，可加入可消化粗蛋白提高蛋白质的含量；冬季采食日粮丰富，可添加胡萝卜、菠菜等维生素含量较多的饲料。可以增加光照或者是日粮补饲碘，只有保证营养全面的摄入才能为以后的持续泌乳和配种打好基础，才是可持续发展的。在奶牛分娩后 1～2 个月内，应该注意观察发情奶牛，依据其身体状况决定是否进行配种。体质强的如果没有发情则需施加药物治疗，而体质较差的奶牛应该顺延一段时间。

产乳中、后期母牛的饲养管理在分娩 100d 左右，奶牛的产乳量进入中期阶段。此时的产乳量会逐月下降，但是仍然对全泌乳期产量也有较大影响。由于消化机能恢复正常，奶牛食欲旺盛，采食量处于高峰期，体重相应有所增加，一般在 3%～5%。这一阶段允许饲料中能量和蛋白质逐渐降低，增加粗饲料的量，减少饲料中的精料比例。但是也应该注意粗料和精料的搭配，避免因营养问题而导致的产乳量大幅下降。同时，应注意牛的舍外运动，由于采食量水平较高，保持在运动场上一定的自由活动时间，才能促进消化吸收。某些牛场在舍外设置营养舔砖，提高牛的食欲，同时便于饲料的消化。在分娩 200d 时，奶牛的产乳量下降到最低水平。为了使奶牛尽快地恢复体况，在泌乳后期可以适当增加饲料营养，但是不可供给过度，否则会引起奶牛体重增加，过肥时引起难产的概率增大。这期间需控制饲料中能量和蛋白的水平，增加粗纤维等物质的比例。但是对于瘦弱的奶牛，还是应该增加营养。

试验证明，奶牛在产乳后期补充的营养比在干奶期补充的营养利用率高。并且在此期间加强营养能保证在干奶期奶牛的体质状况。产乳后期奶牛要有足够的运动时间，这样才能促进饲料的消化，以及更好地恢复身体机能，运动场不能拥挤，在实际生产中不宜将处于不同产乳阶段的牛奶一起混养。

四、奶牛干奶期的饲养管理及注意事项

奶牛的两个泌乳期之间的这段时间被称为干奶期，奶牛在此阶段不产奶。此时期是奶牛的恢复期，包括乳腺组织的恢复和再生，消化系统的恢复以及整个体况的休养。

在此阶段的奶牛，通过合理的饲养，体内可大量的存储脂肪、能量、蛋白质、维生素和矿物质，为下一个泌乳期奠定了基础。干奶期的长短，一般情况下，奶牛的干奶期为 50～70d，如果有个别年老体弱的奶牛，可适当将干奶期延长 10～30d。干奶在奶牛的养殖过程中是非常必要的，生产实践表明，没有干奶期的奶牛产奶量只能达到经历干奶期奶牛的 75%。奶牛的干奶期不宜过长，因为过长的干奶期会使奶牛体况过肥，奶牛容易患一些疾病，如难产、产乳热、酮血病等，还会使产奶量下降。如果干奶期过短，则奶牛没有充分的时间来恢复其乳腺组织，并且奶牛没有足够的时间来进行营养的贮存，对于身体的恢复和下一次泌乳都没有完全准备好。理想的干奶期不但可以保证本次泌乳量，还可以保证下一次的泌乳量。因此，在奶牛养殖过程中要做好配种记录，根据配种日期以及奶牛的实际情况，合理控制干奶期的长短，做到适时干奶。

奶牛在干奶期的当天仍然会分泌乳汁，不管当时的泌乳量多

少，都应该果断干奶，使奶牛停止产奶，干奶的方法主要有逐渐干奶法和快速干奶法两种。逐渐干奶法，适用于患乳腺炎或者在后期奶量较多的奶牛，在预定的干奶期前 10~20d 改变饲料，减少青绿多汁的饲料和精饲料，饲喂干草，控制饮水量，并逐渐减少挤奶次数，由每日 3 次减为 2 次，再逐渐减为 1 次，同时改变挤奶时间，停止按摩乳房。此法对奶牛的乳房安全，技术含量不高，但是时间长，容易拖延时间，会缩短预定的干奶期。快速干奶法，在到了预定干奶期时，无论当时奶量多少，都一次性将奶挤完，挤完后在乳房内注射一支干奶药，之后不再动乳房，仔细观察乳房的情况，最初乳房的肿胀是正常现象，几天后可恢复正常。如果停奶后乳房出现红肿或滴奶的现象，需要重新按以上步骤干奶。

干奶期奶牛的饲养，奶牛的干奶期分为干奶前期和干奶后期，干奶前期是指从停奶之日起到泌乳活动停止的这段时期，在奶牛的干奶前期，饲喂奶牛的原则是在满足奶牛基本营养需要的前提下，应该尽量减少营养的摄入，使奶牛尽早地停止泌乳。此阶段的日粮以粗饲料为主，对于膘情较好的奶牛，只喂优质粗饲料即可，对于膘情较差的奶牛，可适当地搭配精饲料，在干奶前期应该禁止饲喂青绿多汁的饲料，否则影响干奶效果。限制饮水量，应保证奶牛每天的运动量，每天至少活动 2h。平时应该注意观察奶牛的乳房变化，如发现有硬块，奶牛表现不安，就应及时诊治，待奶牛病情好转后再重新干奶。干奶后期是指干奶前期结束到分娩前的这段时间。此阶段的饲养原则是要保持奶牛的中等膘情，给奶牛提供中上等的营养水平，但不可使奶牛过于肥胖。平日可根据奶牛的体况、食欲以及预期的产奶量来确定添加精饲料的饲喂量，这样可以控制奶牛的膘情，使奶牛不会过肥或过瘦。一直到分娩的前 2 周，除了饲喂精饲料外，精料的每日饲喂量可增至 1. 8kg，在此基础上每天增加 0. 45kg，到每百天体重饲喂精料 1~1.5kg 为止。这种饲喂方法可以防止奶牛酮病以及乳腺炎的发生。值得注意的是，当奶牛出现厌食现象时，应该停止增加精料，待厌食现象消失后，可继续添加。如果产前奶牛的乳房出现肿胀、有硬块的现象，应减少精饲料的喂量，停喂青绿多汁饲料，并限制奶牛食用食盐，因为限制钠和钾的摄入可有效防止乳房水肿。为了防止便秘，在分娩前的 2~3d，可给奶牛饲喂适量麦麸等轻泻饲料。对于干奶期奶牛的管理，首先应该加强奶牛的户外动动，在增强奶牛体质的同时，可以有效防止肢蹄病和难产的发生，还可以促进维生素 D 的合成，以防止奶牛出现产后瘫痪的现象，还可以在干奶期给奶牛肌内注射或在日粮中添加维生素 A 和维生素 D，防止由于此类营养元素的缺乏引发的疾病。如果奶牛胎衣不下的比例过高，可给奶牛补充维生素 E 和硒元素。避免给奶牛饲喂发霉变质的饲料，以及饮用冰冷的水，保持饮用水的清洁，以防止流产。做好奶牛干奶期的驱虫工作，有些驱虫药在奶牛的泌乳期不可以使用，只能在干奶期使用，干奶期是治疗体内和体外寄生虫的最佳时期，有效地驱虫可以提高产奶量。在干奶期要加强牛舍的环境卫生，可以减少乳腺炎的发病率，在奶牛预产期的前 10~20d，将奶牛转入清洁干燥的产房，使奶牛适应新的环境。

第四章 肉鸡的饲养管理

第一节 影响肉鸡生长的重要营养成分

肉鸡商业育种的方向也向快速生长和高胸肌产量进行。营养状况可显著影响肌肉的生长，但不同的营养因素对肉鸡肌肉生长所产生影响的程度和范围不同。

一、能量

家禽的一切生理过程，包括运动、呼吸、循环、吸收、排泄、繁殖、体温调节等都需要能量。能量水平的高低直接关系到肉鸡生长性能的好坏。Uni 等认为，鸡胚在孵化期的第 17. 5d 羊膜内注射一定量的碳水化合物，可减少糖原异生对肌肉中蛋白的利用，从而显著提高 Cobb 肉鸡第 20 胚龄和出雏后第 0d、第 10d、第 25d 的胸肌重量。研究发现，20 日龄 Rock 肉鸡饲喂不同能量和蛋白水平的日粮，可显著影响 63 日龄体重和胸肌率。1~3 周龄肉鸡饲喂低代谢能的日粮，4~6 周龄正常饲喂，可以提高 42 日龄胸肌重和胸肌率。适当增加日粮中能量水平，有利于提高肉鸡的生长性能和肌肉产量，同时也会影响肌肉的形态和品质，提高雄性肉鸡日粮中能量等营养成分的比例，可以显著促进胸肌的肥大，增加胸肉产量。李忠荣等通过对河田鸡能量水平研究发现，随着能量水平的降低，其胸肌率和饱和脂肪酸含量显著增加，而不饱和脂肪酸和必需脂肪酸有下降的趋势，蛋白质日粮中的蛋白水平对肉鸡肌肉的生长有显著影响。21 日龄肉鸡饲喂高低两种蛋白水平的日粮，持续饲喂 12d，低蛋白组的体重、肌重、胸肌重和胸肌率、腓肠肌重和腓肠肌率均显著低于高蛋白组，但不影响肌率。不同蛋白水平日粮可以影响肉鸡肌肉的生长，且不同部位的肌肉反应敏感性不同。Cahaner 等在 32℃ 的条件下，分别对 3 个品种来源的肉鸡进行高低蛋白日粮的处理发现，高蛋白水平日粮可显著增加两个试验品种肉鸡的胸肌产量，而对商业品种肉鸡的作用不明显，说明在热应激条件下，不同遗传背景来源的肉鸡对饲粮中蛋白水平的反应不同。能量与蛋白质的比例亦显著影响肉鸡肌肉的生长。宋代军等研究发现，日粮中能量或蛋白质水平增加，可使肉鸡胸肌纤维密度和直径发生相应的变化，高能中蛋白组试验鸡胸肌纤维密度最小、直径最大，低能低蛋白组试验鸡胸肌纤维密度最大，高能低蛋白组试验鸡胸肌纤维直径最小。

二、氨基酸

赖氨酸的摄入量可显著影响肌肉的生长。Tesseraud 等研究表明，赖氨酸不足可显著降低 2~4 周龄肉鸡胸浅肌重，而对缝匠肌和前背阔肌的影响较小，进一步研究发现，以上 3 种肌肉的蛋白合成和降解速率都明显升高，其中以胸大肌蛋白代谢更新率最高，推测可能与其不同的肌纤维类型构成有关。不同遗传背景的肉鸡对赖氨酸缺乏的反应也不同。9~21 日龄胸肌产量不同的两品系肉鸡发生赖氨酸缺乏时，其胸浅肌蛋白合成和降解速率差异显著。20~40 日龄肉鸡分别添加不同剂量赖氨酸、苏氨酸、缬氨酸，均可不同程度地提高胸肌产量，且前两种氨基酸的添加效果较为明显。

三、限制饲喂技术

限饲主要指通过控制采食量或营养物质的浓度等途径，人为地从数量或质量上调控鸡营养素摄入量的一种饲喂技术。研究人员采用的限饲方法主要有 3 种：即数量限饲法、质量限饲法和时间限饲法。数量限饲法是在饲喂动物平衡日粮和不限制饲料中某种营养成分量的情况下，通过减少饲料喂量来限制动物采食的一种方法。质量限饲法是通过稀释或减少饲料中某种营养成分的量（如蛋白质、氨基酸、能量等）而不限制给料量，从而打破日粮营养平衡的一种方法。时间限饲法是在饲喂动物平衡日粮和不限制饲料中营养成分含量的情况下，通过控制动物采食时间来达到限制动物采食的一种方法。曹兵海等研究表明，在 1~3 周龄内任何 1 周对肉仔鸡饲喂 16%~18%蛋白的限饲日粮，均可通过补偿生长显著提高 42 日龄胸浅肌重、胸肌重和腿肌重。李玉欣等报道，2~3 周龄肉仔鸡饲喂不同能量和蛋白水平的限饲日粮，6 周龄胸肌重和胸肌率与对照组相比差异不显著，但胸肌重有上升的趋势。对于限饲引起的肌肉生长的变化，也有不同的报道。Rincon 研究表明，分别在 5~42 日龄对肉鸡进行 5%、10%和 15%的限饲，均可显著降低 42 日龄的胸肌重与胸肌率；分别对 5~14 日龄肉鸡连续饲喂数日进行 10%的限饲，可不同程度地降低 42 日龄胸肌重，但并不影响 49 日龄胸肌产量；分别改变肉鸡不同生长阶段饲粮形态，亦可显著影响其 42 日龄和 49 日龄胸肌重。

四、其他

维生素和矿物质等其他营养素亦可显著影响肌肉的生长。Choct 等研究发现，适当增加日粮中有机物质的添加量，可以显著提高胸肌产量，降低滴水损失。Nunes 通过体外试验证明，维生素 E 可以减少因慢性氧化应激而造成的鸡骨骼肌细胞死亡。

Hassan 等报道，腿肌较胸肌对 Se 和维生素 E 缺乏更为敏感。维生素 D_3 可以显著促进患有佝偻病鸡的骨骼肌线粒体蛋白的合成。在肉鸡生产中适当增加日粮中的能量和蛋白质水平，补充必需氨基酸和微量元素，采用一定的限饲技术等，均可不同程度地提高肉鸡肌肉产量，改善肌肉的品质。

第二节　肉鸡舍环境及卫生防疫

加强鸡舍建设与管理，干净、清洁的环境是肉鸡养殖的基础，在养殖过程中为了确保肉鸡的生活环境满足养殖要求，必须对养殖环境进行有效的控制。在规模化养殖过程中，一般将养殖场选择在地势较高、气候偏干、背风向阳、砂质泥土的地方。如果在居民聚居地区进行饲养，则应该要远离居住地，同时要保障交通方便，以防给群众生活带来影响。

在养殖场建设过程中要加强对养殖场的规划与设计，对养殖空间进行充分利用，从而使得鸡舍管理更加有序，有助于对各种疾病的传播进行控制。比如鸡舍是养鸡的主要区域，在养殖过程中必须要对鸡舍结构进行合理设计，比如层叠式养殖场，对室内空间进行充分利用，而且还可以根据肉鸡的生长情况不断调整鸡舍的高度，为肉鸡提供良好的生存空间。

另外，在养殖过程中要对粪污处理区进行单独设计，粪污处理通道和食物饲料等运输通道分开，严禁采用同一条通道进行食物饲料和废物运输。对于养鸡场的各种基础设施必须配备，比如消毒设施、取暖设施、加湿设备等，在规划养鸡场的时候就要考虑进去，为各种设备预留空间，提高养殖环境水平。

加强鸡舍环境管理，在肉鸡养殖过程中，各种疾病的产生、传播都与鸡舍的环境卫生有关，环境卫生较好的鸡舍，肉鸡生长更健康，患病率更低。在养殖过程中要定期对鸡舍进行清洁、消

育成肉鸡舍

毒，制定科学合理的管理制度。

第一，定期对鸡舍进行消毒，保持鸡舍环境的清洁，减少鸡舍内病原微生物的污染率。近年来，随着肉鸡养殖规模不断扩大，在养殖过程中还需要对饲养密度进行控制，肉鸡不能太过密集，并且要做好鸡舍的通风、驱虫工作。第二，在养殖过程中，必须要做好温度和湿度的控制，湿度过大不利于肉鸡的生长，因为潮湿的环境有利于病菌的生长，容易引发多种疾病。第三，要对鸡舍进行通风，随时保持鸡舍空气新鲜，防止各种病菌在鸡舍内传播。

对食物质量进行控制，饲料是确保肉鸡获得充足营养的来源，在肉鸡饲养过程中必须要注重营养搭配，如果喂养过程中营养不足，则会降低肉鸡自身对蛋白质的合成能力，使得鸡肉蛋白质含量降低，而且还会使得肉鸡发育迟缓，免疫力低下，发病率增高。

在肉鸡饲喂过程中应该要尽量选择全价配合颗粒饲料，对不同年龄段的肉鸡或者不同健康水平的肉鸡进行分开喂养，对食物的营养成分进行控制。比如对于肾脏肿大或尿酸盐沉积的肉鸡，可以降低饲料中的蛋白质含量，比正常饲料中的蛋白质含量低

肉鸡舍

1%~2%即可，同时还应该增加这类肉鸡日粮中的维生素 A 和维生素 C 的含量，对肉鸡的黏膜以及抗氧化能力进行保护；如果肉鸡患有肠道炎症、呼吸道炎症、呼吸道类病毒等，则应该增加饲料中的维生素 A 含量。在饲养过程中要根据季节的差异对肉鸡的食物进行调整，比如夏季天气炎热，会使肉鸡的采食量降低，此时可以喂养一些营养成分较高的饲料，同时还可以添加小苏打防止肉鸡在夏季中暑。

第三节　肉鸡品种的选择注意事项

目前我国饲养的肉鸡品种主要分为两大类，一类是白羽肉鸡，另一类是黄羽肉鸡。

一、白羽肉鸡

白羽肉鸡品种全部从国外进口，以引进祖代为主。目前国内应用较多的肉鸡品种有艾维茵、AA（爱拔益加）、罗斯、科宝和哈巴德等。白羽肉鸡的主要特点是体型大，生长速度快，饲料转换效率高，发育整齐，胸部、腿部肌肉丰满，42d 左右即可出栏，适宜笼养或网上平养，利于实施规模化和标准化生产，适宜加工快餐食品。艾维茵肉鸡具有增重快、成活率高、饲料报酬高的优良特点，体型饱满，胸宽、腿短，羽根细小，胴体美观，黄色皮肤，肉质细嫩。49 日龄鸡体重 2.3kg。爱拔益加肉鸡体型大，生长速度快，适应性强，饲料转化率高，发育整齐，胸部、腿部肌肉丰满，屠体品质好。适合肉用仔鸡商品化、产业化生产和农村专业户养殖。商品代肉用仔鸡生产性能：42 日龄体重 2.5kg 以上，饲料转化比 1.92∶1，成活率 98%。罗斯 308 肉鸡体质健壮，成活率高，增重速度快。罗斯 308 商品肉鸡 49 日龄体重 3kg 以上，42 日龄料肉比 1.75∶1，49 日龄料肉比 1.89∶1，出肉率高，胸肉比例适中。

二、黄羽肉鸡

黄羽肉鸡与白羽肉鸡的主要区别是生长速度慢，饲料转化效率低，但适应性强，容易饲养，肉质细嫩，风味好，深受我国南方和东南亚地区消费者的欢迎。湘黄鸡，该品种具有喙黄、毛黄、脚黄的外貌特征和性成熟早（平均 125d）、抗病力强、耐粗饲等特点，其肉软滑多汁，味道鲜美并兼具滋阴补肾功能。体重：120 日龄公鸡 1.1~1.2kg、母鸡 0.9~1kg，成年公鸡 1.4~1.5kg、母鸡 1.2~1.3kg。桃源鸡，产于桃源县，体型大，耐粗饲，肉质好，黄羽或黄麻羽。成年公鸡体重 3.3kg，母鸡 2.9kg。肉质细嫩，肉味鲜美。雪峰乌骨鸡体型中等，体质结实，具有乌皮、乌肉、乌骨、乌喙、乌脚的“五乌”特征，皮、肉、骨膜、喙、脚及内脏全为黑色。在自然条件下毛色有全白、全黑和黄麻色 3 种，具有健壮、活泼、觅食力强、耐粗放饲养的特点，对当地环境适应性强，抗逆性强，孵化率和育雏率高。成年母鸡 1.3~1.5kg，公鸡 1.5~2kg。三黄鸡是泛指具有黄色羽毛、黄色皮肤、黄色腿胫等特征的优质小型黄羽肉鸡，比较有名的品种有三黄胡须鸡、宁都三黄鸡、广西三黄鸡、五华三黄鸡等。具有生存能力强、产蛋量高、肉质鲜嫩、皮薄、肌间脂肪适量、肉味鲜美。成年公鸡 2~2.3kg，母鸡 1.4~1.9kg。150 日龄母鸡和 180~200 日龄阉鸡半净膛率分别为 78%和 84%，全净膛率为 71%和 76%。五华三黄鸡主要分布于广东省梅州市五华县，平均屠宰率为 88.7%（公）和 92.6%（母）、全净膛率为 63%（公）和 61%（母），成年鸡体重 1.5~2kg，肉质嫩滑，皮脆骨软，脂肪丰满和味道鲜美。温氏矮脚黄鸡，广东温氏食品集团股份有限公司育成的“新兴矮脚黄”新品系具有早熟、淡黄羽和脚细短等特征，其商品代公鸡 60d 出栏体重 1.6kg，料肉比 2.1∶1；商品代母鸡 80d 出栏体重 1.4kg，料肉比 3.3∶1。矮脚黄鸡脚矮、体型浑圆，口感鲜滑，皮下脂肪金黄充足，肉质和风味俱佳。清远麻鸡因母鸡背羽面点缀着无数芝麻样斑点而得名，属小型优质肉用鸡种，特征为三黄、二细、一麻（即脚黄、嘴黄、皮黄，头细、骨细，毛色麻黄），素以皮色金黄、肉质嫩滑、皮脆爽、骨软、风味独特而驰名我国广东、香港和澳门市场。

第四节　不同时期肉鸡的饲养管理及注意事项

一、育雏期肉鸡的饲养管理及注意事项

新生肉鸡雏的体温较低，特别是在 10 日龄前，体温调节能力相对较差，与成年肉鸡相比，体温要低 2~3℃，等到 4 日龄后体温调节能力日趋完善，体温有所上升，10 日龄时和成年肉鸡体温一样，所以在育雏前期要适当地增加温度，之后随着日龄的增加再逐渐降低温度。肉雏鸡生长迅速，2 周龄的体重约为初生时的 4 倍，4 周龄时为 32 倍，8 周龄时为 50 倍。随着日龄的增

长，生长速度逐渐减慢。雏鸡的代谢旺盛，心跳快，单位体重的耗氧量大，每小时单位体重的产热量为23J，是成年肉鸡的2倍，所以要保证雏鸡的营养。雏鸡的羽毛生长迅速，3周龄时羽毛即为体重的4%，4周龄时可达7%，从孵化出壳到20日龄，肉鸡的羽毛要脱换4次，分别在4~5周龄、7~8周龄、12~13周龄、18~20周龄。羽毛中的蛋白质含量为80%~90%，是肉和蛋的4~5倍，所以在饲喂肉鸡时要保证日粮中蛋白质的水平。幼雏鸡的消化系统发育还不够完善，胃容积小，进食量有限，缺乏某些消化酶，消化腺也不发达。肌胃研磨功能弱，消化能力差，所以在饲养上要饲喂含纤维量少、易于消化的饲料，并且做到少食多餐，使产生的热量足以维持生理需求。雏鸡在大约10日龄时自身才开始产生抗体，但产生的抗体较少，因此雏鸡的免疫机能较差。当幼鸡孵化后母源抗体日益减少，在3周龄左右母源抗体降到最低，因此在10~21日龄时为雏鸡的危险期，这段时期雏鸡对各种疾病和不良环境的抵抗力差，对饲料中的有害物质及营养物质的缺失反应敏感，所以在这段时间要做好鸡舍内环境的净化，同时做好疫苗的接种工作和保健工作，确保饲料营养全面。雏鸡天性胆小，喜欢群居，缺乏自卫能力，饲养密度大，舍内的噪声、生人及其他新奇事物的进入都会影响肉鸡雏的生长发育。因此，育雏的环境要求安静，以防止各种异常声音和噪声对肉鸡的生长发育造成影响。

对于肉鸡育雏期的饲养，大部分养殖场主张先给水再开食，认为刚孵化的幼雏体内的卵黄囊还有一部分卵黄没有吸收完，需要3~5d才能吸收完全。尽早地利用卵黄囊里的营养物质，对雏鸡的生长发育有十分明显的效果。而给雏鸡饮水可以加速卵黄囊内营养物质的吸收利用，而且雏鸡舍的温度高，因其生理特点导致的呼吸蒸发量大，需要饮用水来维持体内的新陈代谢平衡，以防雏鸡脱水死亡。饮用水的喂法为第1d在水中添加5%的葡萄糖和0.1%的维生素C。第2d添加0.01%的高锰酸钾。雏鸡避免饮用凉水，水温要求在18~20℃，要保证饮用水的不间断性，防止出现断水、缺水及间断给水的现象，因为间断饮水会造成鸡群由于口渴而发生呛水的现象，容易造成因拥挤而使雏鸡溺水淹死。呛水会使雏鸡的羽毛潮湿，使鸡体感到寒冷出现扎堆的现象，容易导致压死现象的发生，这些都给养殖生产带来了不小的经济损失。开食即雏鸡的第一次给食，时间为出壳后的8~12h，每次投喂20~30min，吃到八成饱时，停止饲喂，令其休息，以后每隔2h饲喂1次，让幼鸡在第1d即学会啄食。由于1周龄以内的雏鸡觅食能力差，因此不适宜用料槽和料桶，如果是笼养可用浅盘，平养可在地面铺塑料布，让雏鸡自由采食，这样不同个体差异的雏鸡都有进食和吃饱的机会，待1周后可将浅盘或塑料布改成浅槽，但仍以自由采食的方式饲喂。饲喂时要做到定时定量，每天喂4次，饲料的增减和换料要逐渐过渡，使鸡的消化系统逐渐适应饲料。雏鸡的饲料要求品质好，颗粒大小适当，营养丰富，易消化。

合理的管理方法可以加快雏鸡的生长发育，特别是后期的育肥速度，而且对整个养殖场的意义重大。首先要给雏鸡提供优质的饲料是肉雏鸡快速增长的物质保障。所饲喂的饲料要有合理的营养搭配，既能满足其营养需求，又可以提高饲料的转化率。所饲喂的饲料以颗粒料为主，因颗粒料不但可以保证营养的全面，还可以减少饲料的浪费，缩短采食时间，对于雏鸡的快速育肥有明显效果。雏鸡的不同生长发育阶段所需的营养不同，可分为0~4周龄和5~8周龄两个阶段，其中后期为育肥期，这一时期的雏鸡不但生长发育迅速，而且脂肪沉积能力强，所以应该在后期雏鸡的日粮中及时更换为符合育肥的饲料配方，才能满足雏鸡育肥的要求，达到增重的目的。加强鸡舍内卫生管理，为雏鸡提供一个舒适的生活环境，可以很大程度地减少各类疾病的发生，只有这样才能保证肉鸡的生长发育良好，使增重加快，同时良好的生活环境可使雏鸡的食欲旺盛，增加采食量，因此必须调整好饲养密度，防止密度过大造成的空气污浊、环境恶劣等不良现象的发生，所以随着鸡体的生长应及时调整饲养密度。做好舍内的通风换气工作，保持舍内空气质量，及时清除舍内粪便、垫料，防止粪便发酵产生有害气体。调整好舍内的温湿度，给鸡群提供舒适的生活环境。注意鸡群的防疫工作，严格执行场内卫生消毒制度，按照免疫程序进行免疫，合理投药，使鸡群免受疾病的侵害。

雏鸡的成活率直接关系到规模化鸡场的效益，抓好雏鸡的饲养管理对提高养殖效益有十分重要的意义。雏鸡缺乏体温调节能力且消化能力差、抗病力弱，容易发病，死亡率高，若管理不当，将严重影响后期生长速度，进而影响鸡场的效益。

二、生长期肉鸡的饲养管理及注意事项

肉鸡饲养和其他畜禽的饲养相比，是一种饲养周期最短，投资少，饲料报酬率高的饲养项目，因为肉鸡的饲养时间比较短，大约在 38d 的时间就可以出栏，输送到屠宰场进行肉鸡的分割、包装、销售、出口等程序。但是在饲养肉鸡的同时，也要注意饲养管理方面的一些问题。放置温度计，以便观察鸡舍内环境的温度，温度降低的时候可以对鸡舍进行升温，温度过高的时候可以对鸡舍进行降温，以达到合适鸡生长的温度。肉鸡育肥期间湿度的要求范围比较大，一般来说相对湿度应该控制在 50%左右，如果鸡舍是采取平养的方式，还需要注意保证垫料不湿润为宜即可，特别要注意冬季鸡舍内的温度，因为冬季，外面的温度比较低，鸡舍内的温度比较高，舍内、舍外的温度差异较大，这时候鸡舍内的窗户都是封闭的状态，通风时间较少，如果这时候的垫料比较湿润，就容易形成鸡舍内的温度比较低、比较湿润的环境

状态，导致肉鸡的生长速度变慢，也容易滋生病菌，从而对肉鸡的饲养造成不必要的麻烦。所以说冬季要勤换垫料，并且要及时地加强通风次数，以保持鸡舍内空气的新鲜度。如果鸡舍内的通风条件不好，鸡舍内的育成鸡产生的粪便在一定的温度条件下就会分解产生氨气、二氧化碳、硫化氢等有害气体，这样就会刺激育成鸡的呼吸道，产生呼吸道疾病，也比较容易增加大肠杆菌疾病的发病率。特别是在育成鸡的生长后期，肉鸡对于氧气的需要量不断增加，这个时候肉鸡的进食量增加，同时肉鸡的排泄物也在不断增多，所以必须要在维持鸡舍内温度的前提下加大通风换气的次数，以保持鸡舍内温度的适宜。

饲料是保障肉鸡正常生长发育的必要条件，提供给肉鸡有营养的饲料，保证营养均衡的配料，加强饲养管理，才能提高肉鸡机体的自身抵抗疾病的能力，减少鸡群整体发生疾病的机会。加强环境卫生的消毒工作，注意地面上的粪便要及时地清理出去，以便保证鸡舍内空气中有毒气体的含量较低，避免刺激呼吸道发生肉鸡呼吸道疾病。在肉鸡的用料方面，要根据肉用鸡不同生长发育阶段的营养需要来进行日粮的更换，采取不同的育肥方式，不仅可以使肉鸡的生长速度加快，而且可以减少疾病的发生，体内还可以储存必要的能量。在饲料的配比中增加能量饲料的含量，增强日粮饲料的适口性，这样能够促使肉鸡增加采食量，供应充足且清洁的饮水，充分发挥肉鸡快速生长增加体重的最大能力，减少疾病的发生。

近年来，随着人们对鸡肉需求量与质量要求的不断提高，促使肉鸡养殖产业也获得了不断发展。传统养殖主要是散户养殖，多为农户自己在家庭院内养殖，由于规模较小，因此无法更好地满足市场需求，给肉鸡养殖业的规模化发展提供了契机。但是肉鸡养殖业的规模化发展随之带来的问题是如何通过饲养管理不断提高经济效益。肉鸡饲养的特点与传统的鸡饲养管理和疫病预防相比，肉鸡饲养人员只有掌握了这些特点，才能够了解肉鸡养殖的内在规律，从而找到肉鸡饲养管理与疫病预防的切入点，进而实现肉鸡质量和养殖效益的提高。

1. 通过不断改良，层层优选

肉鸡具有肉质鲜美、营养丰富、个头大、成熟期短等特点。

2. 饲养规模大

由于传统散户养殖方式已经无法满足市场需求，如今肉鸡养殖更多的是规模化养殖，因此饲养管理和疫病预防与传统散户养殖有着很大区别。

3. 科学化饲养

肉鸡饲养目前已经越来越趋向规范化和科学化发展。

4. 鸡场选址

如果进行规模化养殖，养殖场的建设应尽量选择在地势较高、背风向阳、气候偏干的沙质泥土区域。

5. 鸡舍管理

鸡舍作为肉鸡生长和栖息的场所，直接关系到肉鸡养殖效益的高低，因此必须做好鸡舍管理等相关工作。鸡场选址确定后，对鸡场的规划与设计要加强，规划设计好的鸡场应该能够实现对养殖空间的完全利用，从而有利于对鸡舍的管理。

6. 引种管理

肉鸡的品种目前在市场上是比较多样的，但常言道："橘生淮南则为橘，橘生淮北则为枳。"那么对于肉鸡而言，道理同样适用。所以在某地特有的肉鸡品种可能生长情况良好，养殖户能够获得较高的经济收益，但是换一个地方是否还能够获得这样的经济收益就无法确保了。所以肉鸡养殖户在引种时，一定要考虑到当地的气候特点来选择合适的肉鸡品种，这是提高鸡场经济效益的根本。统一进出，这主要是由于如果同一鸡舍的肉鸡拥有相同的日龄，那么其生长所需的各项条件都是一致的，这样有利于养殖户进行统一操作。而且同一鸡舍的肉鸡如果同时出售，也有利于养殖户统一打扫、清洗和消毒鸡舍。

7. 饲料的选择

饲料的选择直接关系到肉鸡的生长情况以及鸡场的饲养效益。据相关统计数据显示，在鸡场的肉鸡养殖成本中，饲料成本占到70%左右。可见精选合适的饲料对于肉鸡的养殖至关重要。肉鸡饲料的品种目前市面上有许多种，养殖户应当结合自身的饲养实践，不断对各种饲料进行对比分析，从而逐渐将适合自己鸡场的质优价廉的饲料挑选出来，此后将不再轻易更换饲料品种。在饲养肉鸡的过程中，随着肉鸡日龄的增长，应根据肉鸡的生长规律对饲料进行更换，确保肉鸡在各个生长阶段都能够得到充足的营养。在更换饲料的过程中应当注意饲料的更换速度，确保科学换料。需要换料时，第一天旧料与新料按照 3 ∶ 1 进行混合，第二天旧料与新料按照 1 ∶ 1 进行混合，第三天旧料与新料按照 1 ∶ 3 进行混合，以后就可以完全使用新料了。逐渐换料是为了帮助肉鸡的肠胃慢慢适应新料，避免因为突然更换新料而导致肉鸡发生腹泻和脱水等不良症状，进而导致其他疾病的发生。

8. 科学饮水

肉鸡的饮水必须确保清洁卫生，不能被大肠杆菌或其他病原微生物污染。在肉鸡的饲养过程中，每天应当足量供水，每日给水 3~4 次。肉鸡饮水的前 3d，还可以将肉鸡用多维、红糖和葡萄糖等适量添加到饮水中。饮水器的摆放应均匀、高度合适，每天进行 1~2 次清洗消毒。如果是用桶或储水缸储水，应注意储水时间不能超过 3d。肉鸡每天的饮水量应尽可能记录下来，因为一旦出现饮水异常情况，则往往是鸡群发生疾病或者饲养管理有问题的先兆。

9. 温度管理

肉鸡育成期的最适宜温度为 15～20℃。只有在适宜的温度下，才能够实现最高的生物转化率，发挥出最好的生长性能。在饲养实践中可以通过鸡群的表现来判断鸡舍内的温度是否适宜。如果鸡群分散，则表示温度适宜；如果鸡群聚集成堆、靠近热源，则说明鸡舍内温度偏低。可以通过人工调控的方法维持鸡舍内的适宜温度，比如在鸡舍内安装电热设备，也可以适当加大饲料喂量，通过能量的摄入来维持体温的恒定；如果鸡群内有张翅喘气现象，说明舍内温度过高，可以采用喷雾或喷水、打开正压风机等措施降低舍内气温。同时，还应当加大鸡的饮水量，并在水中添加维生素和电解质来降低热应激反应。当鸡舍内的温度大于 32℃时还可以利用湿帘降温。

10. 光照管理

光照因素是影响肉鸡生长情况的重要因素之一，因为光照强度和光照时间会对肉鸡的性成熟起到决定性作用。尤其是处于育成期的肉鸡，光照的强度和时间不能随意改变，而且需要短光照，这将更有利于肉鸡的生长。针对遮黑式鸡舍，其光照强度应小于 10lx，确保肉鸡能够顺利找到饮水器和料槽。当自然光照充足且适宜的时候，应尽可能采用自然光进行光照；当自然光照过强的时候，可以进行遮黑处理，比如将鸡舍的窗、门等用黑帘遮住；当自然光照强度不够的时候，则可以通过人工光照（白炽灯）进行补照。

11. 通风管理

肉鸡育成期通常鸡群的饲养密度较大，采食量和排泄量也大。如果通风不良，容易造成肉鸡的呼吸道黏膜损伤并感染疾病。可以根据鸡舍内异味的大小来辨别鸡舍内的通风状况，或者用风速仪测试鸡舍内的风速，进而确定通风量是否达标。如果通风管理得当，则鸡舍内的异味较小、空气质量较好；当舍内通风不良时，应加大通风量，可以安装风机等对鸡舍进行通风控制；当温度适宜时，可以打开舍内门窗进行自然通风；当舍内温度较高（大于30℃）时，可采用纵向通风来辅助降温；当舍内温度较低时，以自然通风为主，借助横向通风来辅助降温。

第五章　蛋鸡的饲养管理

第一节　影响蛋鸡生长的重要营养成分

为了维持生命活动和满足产蛋需要，蛋鸡每天都要从饲料中获得各种营养成分，主要包括能量、蛋白质（必需氨基酸）、矿物质、维生素和水。在蛋鸡饲料配方中，这些营养素要以最适宜的数量、相互间最佳的比例以及最可利用的方式供给，以便获得最佳的饲料转化效率和最高的产蛋率。

一、能量

包括维持能量需要和产蛋能量需要。维持需要的多少受母鸡体重、活动量、环境温度等因素的影响。产蛋需要的多少受蛋重及产蛋率的影响。一般地说，产蛋鸡对能量需要的总量约有 2/3 用于维持，1/3 用于产蛋。鸡每天从饲料中摄取的能量首先满足维持需要，然后才能用于产蛋。

二、蛋白质

产蛋鸡对蛋白质的需要包括数量和质量两个方面。数量需要由母鸡体重、产蛋率高低及蛋重等多方面决定。一般地，一只体重 1. 8kg 的母鸡，每天维持需要 3g 左右的蛋白质，产 1 枚蛋需要 6. 5g 蛋白质。维持和产蛋的饲料中蛋白质的利用率为 57%，所以当产蛋率为 100%时，每天约需 17g 蛋白质。而在实际生产中，产蛋率不可能为100%。所以，蛋白质实际需要量要低于17g。从蛋白质的需要量剖析来看，约有2/3用于产蛋，1/3用于维持。可见，饲料蛋白质主要用于形成鸡蛋。如果供给不足，产蛋量会下降。在保证蛋白质数量的前提下，还应注意蛋白质的质量，也就是必需氨基酸的种类和数量。因此，在配合产蛋鸡日粮时，除了计算粗蛋白质水平是否达到标准外，还必须计算蛋氨酸、赖氨酸、胱氨酸等10多种必需氨基酸数量。

三、矿物质

钙是鸡骨骼和蛋壳的主要成分，对产蛋鸡至关重要，缺乏钙对鸡的影响很大。当日粮中短期缺钙，鸡动用贮存的钙形成蛋壳，维持正常生产；当长期不足时，鸡体贮存的钙满足不了需要，则产软壳蛋，甚至停产。此外，磷、食盐、锌、铁、铜等也是蛋鸡不可缺少的营养成分，均应按标准采用适当途径补充。

四、维生素

为了保证蛋鸡健康和产蛋需要，蛋鸡离不开饲料中的维生素。其中，需要量较多而在一般饲料中容易缺乏的主要是维生素A、维生素D、维生素B_1、维生素B_{12}等。当维生素A不足时，鸡体抗病力下降，产蛋量也下降；维生素D不足时，会产软壳蛋，产蛋量和孵化率均下降；同样，维生素B_1、维生素B_{12}缺乏时，也会影响产蛋率和孵化率。

五、水

水是鸡体一切细胞与组织的组成成分，鸡体内生化反应的参与者，鸡体内重要的溶剂。水还对体温、体内渗透压等起重要的调节作用。

第二节 蛋鸡舍环境及卫生防疫

随着人们生活水平的不断提高，对高质量蛋品的需求越来越多，无公害、绿色、安全蛋品消费已成为大势所趋，我国蛋鸡业正向着规模化、标准化、生态化方向发展。为蛋鸡创造一个良好的生活环境，满足蛋鸡生产所需要的各种条件，控制有害物质残留及对环境的污染，才能确保蛋品质量安全和蛋鸡业的可持续发展。

收集鸡蛋

一、蛋鸡场址的选择

蛋鸡场选址是否合适关系到鸡场的生产水平、经济效益、社会效益和环境效益等，影响着鸡群的健康状况，因此，选择场址时，必须根据本场的经营方式、生产特点等，结合当地的自然、社会条件做出科学决策。

1. 自然条件要求

建场前要详细了解当地的气象资料，如年平均气温、最高气温、常年主导风向、各月份日照时数等，作为建场设计的重要参考资料。场址的地势要高燥、平坦或稍有一定坡度，光照要充足，排水要好；不能选择低洼潮湿的地方，以免病原微生物和寄生虫滋生。场地要宽敞，不能过于狭长或边角太多，否则，既不利于建筑物的合理布局，也不利于管理。要根据饲养蛋鸡的多少、机械化水平、饲料供应等具体情况确定场区面积，并为今后发展留有一定余地。场址土质最好是没有污染过的沙壤土或壤土，因为这两种土质具有透水、透气性好，保温性能好等优良特性。场区及周围要有一定的植被覆盖，同时要考虑周围农田使用化肥、农药的情况。鸡场用水比较多，因此，要求水源要充足，水质要良好，要符合人饮用水的卫生标准或家禽饮用水水质标准。

2. 社会条件要求

现代养鸡要求饲养环境必须保证蛋鸡的健康生长，同时养鸡生产又不能对周围环境造成危害。因此，在选择场址时，必须注意周围的环境条件，一般要求距居民点 3km 以上，距其他养禽场 5km 以上，附近不能有污染的工厂和各类畜禽场、屠宰场、畜产品加工厂、畜禽交易市场等。生产物资的运输要方便，但应距铁路干线 1km 以上，距公路干线 500m 以上。蛋鸡场需要有稳定可靠的电源，以保证孵化、喂料、给水、清粪、集蛋、人工照明、取暖、换气等的需要。

二、蛋鸡场规划原则与各区域配置

1. 蛋鸡场规划原则

一是要节约用地；二是要全面考虑鸡粪、污水的处理和利用；三是要充分利用地形，有效地利用原有道路、供水、供电线路及建筑物；四是要有长远规划，为今后发展留有余地。应从人、鸡的保健出发，并按照便于卫生防疫的要求，合理安排各区域的位置，顺着主导风向和地形坡向依次安排职工生活区、生产管理区、蛋鸡群饲养区、兽医卫生及粪污处理区。管理区应靠近

蛋鸡舍

大门，并与生产区隔开，外来人员只能在管理区活动，不得进入生产区。生产区是蛋鸡生产的重要场所，在生产区内设有育雏舍、育成鸡舍、孵化室、饲料库、兽医室等；生产区必须有围墙或防疫沟与外界隔开，入口处要设有消毒室和消毒池，人员进入必须进行消毒，换上消毒好的工作服方可，车辆必须通过消毒池消毒。在各类鸡舍中雏鸡舍应在上风向，生产鸡群应在下风向；孵化室在管理区的一侧，靠近大门。场内道路要分净道和污道，净道主要用于运送饲料和鲜蛋，并供饲养管理人员行走，一般位于场中心部位通往鸡舍一端；污道主要用于运送鸡粪、淘汰鸡等，可从鸡舍另一端通向场外；净道和污道尽量不要交叉使用，以免污染。兽医卫生及粪污处理区在下风向和地势较低处，与鸡舍应相距 300m 以上。

2. 建筑物的合理布局

鸡场内各建筑物的位置应根据生产环节、建筑物之间的功能关系、兽医卫生防疫要求等方面进行合理布局，育雏舍要靠近育成舍，育成舍要靠近蛋鸡舍。建筑物之间应尽量紧凑配置，缩短运输、供电、供水线路；鸡舍排列要整齐平行，四栋以内可一行排列，四栋以上应两行排列，为了防止传染病的传播和达到防火的要求，各建筑物之间应保持 30m 以上的间距，每排鸡舍应设一个贮粪场（池），位于鸡舍远端的一侧。

三、蛋鸡舍的环境控制

鸡舍内的小气候与蛋鸡生产性能的发挥及健康有着密切的关系。鸡舍内小气候是指鸡舍内的气象状况，包括气温、湿度、气流、光照等。

产蛋鸡舍

1. 温度的控制

气温的高低不但影响鸡的生长，而且也影响鸡的产蛋和健康。雏鸡生长最适宜的温度随日龄的增长而降低，1 日龄为 34.4~35℃，此后有规律地下降到 18 日龄的 26.7℃，到 32 日龄时下降到 18.9℃。温度过低，饲料利用率下降；温度过高，生长缓慢，死亡率上升。在一般饲养管理条件下，鸡产蛋最适宜的温度为 13~23℃，在管理中应做好夏季防暑降温和冬季防寒保暖工作。第一，加强鸡舍外围护结构的隔热设计，减少太阳辐射及外界气温对鸡舍的影响；第二，搭架种植葡萄等爬秧类瓜果，既起到遮阴的作用，又能增加一定的收入，在不影响鸡舍采光的情况下，也可在鸡舍周围种植树木；第三，加强通风，如有条件可从地下室抽取冷空气送入鸡舍，也可采用湿帘降温等措施；第四，有条件的可以安装空调；第五，降低饲养密度。

防寒保暖的措施：第一，加强鸡舍外围护结构的保温性能，防止室内热量的散失；第二，在寒冷季节到来时，堵塞鸡舍墙壁和门窗的漏洞，以利保温；第三，可用热风机向舍内送热风，可用火炉子、火墙、烟道、暖气等方法进行取暖；第四，提高饲养密度；第五，铺设垫草等。

2. 湿度的控制

封闭鸡舍中的水气，有70%～75%来自鸡的呼吸和粪便；10%～25%来自地面、墙壁等物体表面；10%～15%来自大气，所以封闭鸡舍空气中的水气含量比大气中高出很多。鸡舍内的适宜湿度因鸡龄不同有所差异：出壳10日龄相对湿度为80%，11～15日龄为70%～75%，16～20日龄为65%，以后保持在50%～55%，成鸡舍应控制在50%～75%为宜。产蛋鸡的上限湿度随温度升高而下降，气温28℃时相对湿度75%；气温31℃时，相对湿度50%；气温33℃时，相对湿度30%。如果超过这个范围，产蛋量下降将不可避免。因此，在日常管理中，要处理好保温与控湿的关系。鸡舍内湿度控制措施：第一，选择地势高燥、向阳的地方建场；第二，压缩用水量，防止饮水器漏水；第三，及时清除粪便、污水；第四，加强舍内保温，防止空气中的水分在墙壁和物体表面凝结；第五，加强通风换气，排出舍内过多水气。

3. 气流的控制

鸡舍内的气流，主要来自门窗和通风口的开启。舍内靠近门窗、通风口的地方气流较强，其他地方气流较弱；舍内的设备越多，对气流的影响越大。

第三节　蛋鸡品种的选择及注意事项

蛋鸡在日常的农业养殖当中起着重要的作用，是一种普遍的农业养殖项目。蛋鸡的品种也比较多，要重视不同品种的不同养殖方法，下面一起来了解一下蛋鸡的品种。

一、白来航鸡

1. 产地

白来航鸡原产于意大利，1835 年首先在白来航港出口而得名，现已遍布世界各地，是蛋鸡标准品种中历史最久、分布最广、产量最高而遗传性稳定的世界品种，也是现代蛋鸡育种应用最多的一个育种素材。

2. 外貌

白来航鸡的特点是全身羽毛为白色，蛋壳颜色纯白，多为单冠，公鸡的冠厚而直立，母鸡冠较薄而倒向一侧，皮肤、喙和胫均为黄色。

3. 性能

白来航鸡的性情活泼好动，容易惊群，无抱窝性，产蛋量高，高产鸡群年产蛋可达 300 个左右，成年体重公鸡 2.7kg，母鸡 2.0kg 左右，平均蛋重为 54~60g。

白来航鸡

二、洛岛红鸡

1. 产地

洛岛红鸡原产于美国东海岸的洛德岛州。

2. 外貌

洛岛红鸡的体躯长方形，体格强键，单冠或玫瑰冠，耳叶红色、椭圆形，喙、胫、趾、皮肤黄色，主翼羽、尾羽大部分黑色，全身羽毛红棕色，胫无毛。

3. 性能

洛岛红鸡成年公鸡平均体重 3. 8kg，母鸡 3kg，母鸡开产日龄为 180~210d，年产蛋 160~170 个，蛋重 60g，蛋壳褐色，有抱窝性，现多用作生产商品杂交蛋鸡的父本品种。

洛岛红鸡

三、新汉夏鸡

1. 产地

新汉夏鸡育成于美国的新汉夏州，是从洛岛红鸡中选择体质好、产蛋多、蛋重大和肉质好的鸡，经过 30 多年育成的。

2. 外貌

新汉夏鸡的体格外貌与洛岛红鸡相似，背部略短，羽毛色浅，单冠，蛋壳褐色。

3. 性能

新汉夏鸡年产蛋 180~200 个，平均蛋重为 60g。

四、澳洲黑鸡

1. 产地

澳洲黑鸡原产于澳大利亚，是利用黑色奥品顿鸡，注重产蛋性能选育而成。

2. 外貌

澳洲黑鸡体躯深而广，胸部丰满，头中等大，喙、眼、胫均为黑色，脚底为白色，单冠、肉垂、耳叶和脸均为红色，皮肤白色，全身羽毛黑色而有光泽，羽毛较紧密。

3. 性能

澳洲黑鸡适应性强，成熟较早，母鸡6月龄开产，平均年产蛋160个左右，蛋重约60g，蛋壳褐色，抱窝性不强。成年公鸡体重3.75kg左右，母鸡2.5~3kg。

五、洛克鸡

1. 产地

洛克鸡原产于美国朴勒茅斯洛克州，以产地命名，故称之为洛克鸡，我国引入的有横斑洛克、浅黄洛克和白洛克。

2. 外貌

横斑洛克鸡体形偏圆，身躯各部发育良好，全身羽毛黑白相间的横斑纹，羽毛末端为黑色，斑纹清晰一致，公鸡的白色横斑约2/3，黑色约占1/3，母鸡的黑白横斑几乎相等，看起来母鸡的羽毛较浓，而公鸡较淡，单冠，耳叶红色，喙、胫、趾及皮肤均为黄色。浅黄洛克鸡外貌特点与横斑洛克鸡相似，只是全身羽毛呈现浅黄色。白洛克鸡为单冠，肉垂和耳叶均为红色，喙、胫和趾均为深色，皮肤为浅黄色，全身羽毛为白色。

3. 性能

横斑洛克鸡一般年产蛋为180个左右，经选育的高产个体可达250个，蛋重平均为56g，蛋壳为褐色。浅黄洛克鸡生产性能与横斑洛克鸡相似。白斑洛克鸡年产蛋为150~160个，蛋重为60g左右，蛋壳为浅褐色。

六、狼山鸡

1. 产地

狼山鸡原产于我国江苏省南通地区，山于南通港南部有一小山，故名狼山鸡。

2. 外貌

狼山鸡有黑色和白色两个品变种，其体型外貌最大特点是颈部挺立，尾羽高耸，背呈“U”字形，胸部发达，体高腿长，外貌威武雄壮，头大小适宜，眼为黑褐色。单冠直立，冠、肉垂、耳叶和脸均为红色，皮肤白色，喙和胫为黑色，羽毛黑的多，胫外侧有羽毛，适应性强，抗病力强，胸部肌肉发达，肉质好。

3. 性能

狼山鸡性成熟期为 7～8 个月，年产蛋 170 个左右，蛋重 59g，蛋褐色，成年公鸡体重 4. 15kg，母鸡 3. 25kg。

七、九斤鸡

1. 产地

九斤鸡是世界著名的肉鸡品种之一，产于我国上海一带，对国外鸡种的改良有很大的贡献。

2. 外貌

九斤鸡现共有 9 个变种，外貌特点：头小，喙短，单冠、肉垂、耳叶均为鲜红色，眼棕色，皮肤黄色，颈粗短，体躯宽深，背短向上隆起，胸部饱满，羽毛丰满，外形近似方块，胫短，黄色，具胫羽和趾羽。

3. 性能

九斤鸡性情温驯，就集性强，成熟晚，8～9 个月才开产，年产蛋量 80～100 个，蛋重约 55g，蛋壳黄褐色，肉质嫩松，成年公鸡体重 4. 9kg，母鸡 3. 7kg。

八、丝毛乌骨鸡

1. 产地

丝毛乌骨鸡原产于我国江西、广东、福建等省，分布遍及全国，国外分布亦广，列为玩赏型鸡。

2. 外貌

丝毛乌骨鸡其外貌特征有“十全”，即紫冠（冠体如桑葚状）、缨头（羽毛冠）、绿耳、胡子、五爪、毛腿、丝毛、乌皮、乌竹、乌肉。此外，眼、喙、趾、心脏及脂肪也是乌黑色。

3. 性能

成年公鸡体重 1.35kg，母鸡 1.20kg，所产蛋量约 80 个，蛋重 40~42g。

第四节 不同时期蛋鸡的饲养管理及注意事项

一、育雏期蛋鸡的饲养管理及注意事项

养鸡成败的关键在于育雏，育雏的好坏直接影响着雏鸡的生长发育、成活率、鸡群的整齐度、成年鸡的抗病力及成年鸡的产蛋量、产蛋高峰持续时间的长短，乃至整个养鸡产业的经济效益。因此，搞好雏鸡的饲养管理十分重要。

1. 育雏前的准备

在进雏前要将育雏舍彻底打扫，把料槽、水槽等用具清洗干净，并进行严格的消毒，如果是地面平养育雏，在进鸡 1 周前还要将垫料在阳光下暴晒，进行自然消毒。在进雏前要对育雏舍提前生火预温，尤其是在晚秋、冬季、早春，一定要提前 3d 生火，

让墙壁、地面、设施都热透，这样舍内的温度才比较平稳，容易控制。

2. 适宜的温度和湿度

温度是育雏成败的关键因素之一，提供适宜的温度可以有效提高雏鸡成活率。由于雏鸡体温调节机能不完善，雏鸡对温度十分敏感，温度过低，雏鸡易扎群，容易挤压而死亡；温度过高，雏鸡体内水分易蒸发，造成雏鸡脱水，影响雏鸡的生长。一般要求第 1 周雏鸡舍为 32~35℃，以后每周下降 2~3℃，降温幅度不能过大，降到 18~20℃时脱温。湿度过高过低都不利于雏鸡的生长发育。湿度一般 1~10 日龄为 65%~70%，10 日龄后保持在 55%~65%。

3. 科学饲养

在雏鸡开食前要先饮水，在 1~7 日龄，可在饮水中加葡萄糖和电解多维，以利于雏鸡卵黄体的吸收。1 周龄后可饮用自来水，要保证水的清洁，且不能断水。每天将饮水器用高锰酸钾消毒 1 次。雏鸡一般在孵出后 24~26h 开食，开食料可用小米、碎玉米等饲料，3 日龄后逐渐换为配合饲料。饲喂次数，一般 1~45 日龄每天饲喂 5~6 次；46 日龄以后饲喂 4~5 次。每次不宜饲喂得太饱，要少添勤喂，以饲喂八成饱为宜。饲喂时要随时注意饲料的消耗变化，饲料消耗过多或过少，都是雏鸡患病的先兆。

4. 合理的光照制度

光照能够提高鸡的新陈代谢，增进食欲，使红细胞血红素含量增加；使鸡皮肤里 T-脱氢胆固醇转变成维生素 D_3，促进机体内钙磷代谢。实践证明，光照的时间长短与强弱，光照的颜色与波长，光照刺激的起止时间，黑暗期是否连续，都会对鸡的活动、采食、饮水、身体发育、性发育产生重要影响。一般第 1 周采用全天24h光照，第2周19h光照，自第3周开始，密闭式鸡舍可用每天8h光照。光照强度具体应用时，每15m^2鸡舍在第1周时用1个40W灯泡悬挂于离地面2m高的位置，第2周开始换用25W的灯泡就可以了。

5. 通风换气

雏鸡新陈代谢旺盛，单位体重所需的新鲜空气和呼出的二氧化碳及水蒸气量多，此外鸡粪中还不停地释放出氨气。不良的舍内环境因素，将给鸡只带来应激，影响鸡只的正常活动及机体的生长发育，降低机体免疫功能，增加机体疾病感染概率，使鸡生长发育不同程度地受阻。所以育雏室应特别注意通风换气。育雏室通风换气与保温是一对矛盾，解决这一矛盾的有效办法就是：早春、晚秋和冬季，由于空气寒冷而又缺乏通风设备时，可在鸡吃料时进行，由于鸡群正在吃料，处于活动状态中，这时舍温下降2~4℃对鸡体基本无妨碍，但是要避免直面风吹。等待鸡群吃完料，鸡群中有2/3数量的鸡开始或正在饮水时，再关闭窗户。严禁鸡休息时开窗通风。否则，鸡容易发生感冒，或者因此诱发呼吸道疾病。通风和保温常常是一对矛盾问题对立。要解决好这一对矛盾问题，最好的办法是在房顶设置天窗，或者在房檐下高窗部位安装换气扇。

6. 饲养密度

饲养密度直接影响雏鸡的生长发育，特别是雏鸡的整齐度，密度过大，鸡的活动范围小，鸡群挤压，采食不均匀，使雏鸡发育不整齐，出现大小不一；密度过小，造成鸡舍和设备的浪费，不保温，经济效益低。一般以每平方米面积饲养1~7日龄的雏鸡20只左右为宜。以后随着日龄的增大，逐渐减少饲养只数。调整时应将弱小的雏鸡单独饲养，使其能逐渐生长为大群水平。

7. 断喙

在饲养过程中，雏鸡经常发生啄癖现象，断喙是防止鸡发生啄癖的最有效措施，而且能防止浪费饲料。断喙最好在6~10日龄进行，断喙前后3d应在饲料中加2mg维生素K，可减少应激反应。断喙后，如有流血的鸡，应及时补烙，直至全部止血为止。断喙后要保证水料的充足，并加强鸡舍的通风力度，让断喙鸡只能够充足呼吸到新鲜空气，增强心肺功能。

8. 加强管理

饲养员要经常检查雏鸡采食、饮水情况，通过观察雏鸡的精神状态，挑出弱雏、病雏。每天早上应观察鸡粪，正常应为灰白色，上面有一层白色尿酸盐，稠稀适中，呈卷曲状。如发现粪便不正常，应及时采取有效措施。

9. 保持环境安静，搞好卫生和消毒

雏鸡非常胆小怯弱，对周围环境的微小变化都非常敏感。外界的任何干扰都会对雏鸡产生严重的惊群，致使雏鸡互相挤压而引起死亡。因此，育雏室要注意保持环境安静，防止猫、狗等进入惊扰；谢绝外来人员参观。搞好育雏舍内外及育雏用具卫生和消毒，消毒时要2种或2种以上消毒液交叉使用。

10. 制定合理的防疫制度，搞好防疫和驱虫

根据雏鸡的品种、育雏季节以及当地疫病的流行特点制定适合本场的防疫程序。需要注意的是，驱虫药和疫苗一定要用可靠厂家生产的，并按要求进行运输和保存，按使用说明进行使用。

二、育成期蛋鸡的饲养管理及注意事项

7~18 周龄称为育成期，该阶段的管理重点是合理地控制好体成熟和性成熟。育成期管理目标：鸡群健康，体重和均匀度周周达标，体成熟和性成熟同步，适时开产。育成鸡生理特点：具有健全的体温调节能力和较强的生活能力，对外界环境适应能力和疾病抵抗能力明显增强。要做好季节变化和转群两个关键时期的鸡群管理，防止鸡群发生呼吸道病、大肠杆菌病等环境条件性疾病。发现有轻微呼吸道病时，及时进行预防；发现有大肠杆菌病症状时，投饮抗生素。育成期消化能力强，生长迅速，是肌肉和骨骼发育的重要阶段。整个育成期体重增幅最大，但增重速度不如雏鸡快。育成后期鸡的生殖系统发育成熟。在光照管理和营养供应上要注意这一特点，顺利完成由育成期到产蛋期的过渡。

1. 体重管理

体重是鸡群发挥良好生产性能的基础，能够客观反映鸡群发育水平；均匀度是建立在体重发育基础上的又一指标，反映了鸡群的整体质量。如果鸡群性成熟时体重达标整齐、骨骼发育良好，则鸡群开产整齐，产蛋高峰高，产蛋高峰期维持时间长。

7~8 周龄称为过渡期。重点是通过转群或分群，使鸡只占笼面积由 30 只/m^2 增加到 20 只/m^2，在转群或分群过程中，注意保持舍内环境的稳定。转群前推荐投饮液体多维，减小对鸡群的应激。9~12 周龄为快速生长期。该阶段鸡只周增重为 100~130g，重点是确保鸡群健康和体重快速增长；周体增重最好超过标准，如果不达标，后期体重将很难弥补。13~18 周龄为育成后期。体重增长速度随着日龄增加而逐渐减慢。鸡群体型逐渐增大，笼内开始变得拥挤；并且该时期免疫程序较多，对鸡群应激大，所以该时期要密切关注体重和均匀度变化趋势。

体重达标的管理措施。①确保环境稳定、适宜，特别在转群

前后和季节转换时期要密切关注。②及时分群，确保饲养密度适宜，不拥挤。③控制饲料质量，确保营养全价、均衡。④由雏鸡舍转育成鸡舍后，如果鸡只体重不达标，可增加饲喂量和匀料次数；仍然不达标时，可推迟更换育成期料，但最晚不超过 9 周龄。

提高鸡群均匀度的管理措施。①做好免疫与鸡群饲养管理，确保鸡群健康，保持鸡只的正常生长发育。②喂料均匀，保证每只鸡获得均衡、一致的营养。③采取分群管理。6 周龄末根据体重大小将鸡群分为 3 组：超重组（超过标准体重 10%）、标准组、低标组（低于标准体重 10%），对低标组的鸡群在饲料中可增加多维或添加 0.5%的植物油脂，对超标组的鸡群限制饲喂。

2. 换料管理

（1）换料种类及时间

7~8 周龄将雏鸡料换成育成鸡料，16~17 周龄将育成鸡料换成产蛋前期饲料。换料的不均匀易造成鸡群的生理性拉稀，推荐换料阶段投喂速肠新 3~4d。

（2）换料注意事项

①换料时间以体重为参考标准。在 6 周龄、16 周龄末称量鸡只体重，达标后更换饲料。如果体重不达标，可推迟换料时间，但不应晚于 9 周龄末和 17 周龄末。②换料至少应有 1 周的过渡时间。参照以下程序执行：第 1~2d，2/3 的本阶段饲料+1/3待更换饲料；第 3~4d，1/2 本阶段饲料+1/2 待更换饲料；第 5~7d，1/3 本阶段饲料+2/3 待更换饲料。

3. 光照管理

光照是控制蛋鸡性成熟的主要方式，前 8 周龄光照时间和强度对鸡只的性成熟影响较小，8 周龄以后影响较大，尤其是 13~

18 周龄的育成后期，鸡体的生殖系统包括输卵管、卵巢等进入快速发育期，会因光照的渐增或渐减而影响性成熟的提早或延迟，因此好的饲养管理，配合正确的光照程序，才能得到最佳的产蛋结果。

育成期光照管理基本原则。①育成期光照时间不能延长，建议实施 8～10h 的恒定光照程序。②进入产蛋前期（一般 17 周龄）增加光照后，光照时间不能缩短。

4. 温度管理

①育成期将温度控制在 18～22℃，每天温差不超过 2℃。②夏季高温季节，提高鸡舍内风速，通过风冷效应降低鸡群体感温度；推荐安装水帘降温系统，将温度控制在 30℃以内，防止高温影响鸡群生长，尤其是在密度逐渐增大的育成后期。③冬季为了保证鸡只的正常生长和舍内良好的通风换气，舍内温度要控制在 13～18℃，最低不低于 13℃；如果有条件可以安装供暖装置，将舍温控制在 18℃左右，确保温度适宜和良好换气。④在春、秋季节转换时期，要防止季节变化导致的鸡舍温差剧烈变化或风速过大引起的冷应激。春季要预防刮大风和倒春寒天气；秋季要提前做好舍内降温工作，以利于鸡只适应外界气温的变化。

5. 转群

（1）转群前管理

①转群前 6～12h 停止喂料，但不停止供水。②转群前将鸡舍温度降低到待转入鸡舍温度，防止转群前后舍内温差过大导致的转群环境应激。③转群前将体重较小的鸡只挑选出来，转到育成舍或蛋鸡舍后单独饲养。

（2）转群时管理

①转群时做好防疫工作，防止人员、车辆、物品等传播疾

病，对转群使用的车辆、物品、道路等彻底消毒1遍。②转群时间选择：夏季宜在天气凉爽的早晨进行，冬季在天气暖和时进行，避免在刮风、雨雪天气转群。③转群前后在饲料中添加抗应激药物。④规范抓鸡、拎鸡和装鸡动作，做到轻抓轻放，避免对鸡只造成伤害。转群结束后管理：转群后1周内，密切观察鸡群饮水和采食是否正常，以便及时采取措施。及时调整鸡群，将体重偏小和体况不好的鸡只挑选出来，单独饲养。

三、产蛋期蛋鸡的饲养管理及注意事项

蛋鸡产蛋期的饲养管理水平直接影响养殖者经济效益，必须重视蛋鸡产蛋期的饲养管理，下面就蛋鸡饲养管理做具体分析。

蛋鸡产蛋期的生理特点：产蛋母鸡虽然生殖系统已逐步成熟，在生殖系统成熟的同时蛋鸡外形特征等都有明显的变化，一是表现在体重持续增加，为产蛋做准备；二是卵巢持续发育、成熟、排卵，为产蛋奠定良好的生殖基础；三是产蛋期间对外界应激反应较大，要尽可能地保证安静的养殖环境。

鸡舍温度、通风、光照、饲料变化等都直接影响蛋鸡产蛋量，一旦不注意就可能导致产蛋量减少；二是产蛋期间蛋鸡贮存钙质能力增强，其目的是为了避免产生软皮蛋，蛋鸡在产蛋期间必须充分补充其钙质才能保证产蛋的正常；三是产蛋后期蛋鸡食量大增，脂肪沉淀能力强，但消化能力减弱。针对产蛋期的不同变化特点，需根据特点的不同有针对性地开展产蛋期饲养管理工作。

蛋鸡产蛋期主要分为预产期、产蛋前期、产蛋高峰期及产蛋后期等4个时期。具体饲养管理要点如下：及时做好蛋鸡转群工作，为蛋鸡正常生产做准备。在蛋鸡产蛋前需及时转圈并淘汰鸡群中老、弱、病、残鸡，转群时按科学要求进行，将鸡群安置到专门的产蛋舍，转群时尽量在晚上进行，这样能有效避免鸡群受

到刺激。值得注意的是，在转群前，应在饲料和饮水中添加药品进行保健，保证鸡群正常产蛋，避免给养殖场带来经济损失。做好鸡舍的消毒工作，建造良好的生活环境，一是要做好鸡舍维修、清洗、消毒工作，确保鸡舍内干净卫生，为蛋鸡生产创造干净舒适的养殖环境；二是要专门对鸡舍内的设备进行消毒，如鸡舍内的鸡笼、水及饲料用具等，通过消毒可有效避免病毒传染，保证鸡群健康；三是注重对鸡舍内鸡粪、灰尘等的处理，用高效消毒药品进行密闭熏蒸消毒，做好养殖环境的整体消毒工作；四是要建造适宜的生活环境，一方面要注意鸡舍通风，确保鸡舍内空气清新；另一方面要保证鸡舍温度和湿度，使其能保证鸡群正常生产，避免因环境不适而影响鸡群的产蛋量。保证鸡群整齐度，同时及时调控饲料营养，保证鸡群整齐度，能使整个鸡群保持在同一步调上，同时开产，同时产蛋，这样能在一定程度上降低养殖者的工作难度和强度，保证鸡群产蛋效率。此外还应及时调控饲料，使鸡群体重达到标准要求，同时也适应鸡群生殖系统的生长发育，提高饲料总蛋白质、钙的含量，做好饲料过渡工作。

产蛋前期的饲养管理工作直接影响蛋重，必须重视这一阶段的饲养管理工作，充分发挥其遗传性能，保证产蛋性能高，在这一期间重点需要做好以下工作。

避免因疾病影响产蛋性能，产蛋前期应做好鸡群疾病预防工作，因一旦鸡群感染疾病，会直接对鸡群产蛋性能产生深远影响，因此这一阶段必须加强卫生防疫和消毒工作，避免产生大量疫病。此外，还应在鸡群饲料和用水中添加必要预防药品，做好疾病预防工作。尽可能地减少应激反应，创造安静的生活环境。一旦鸡群产生应激反应将会对产蛋量和养殖收益产生巨大影响，必须充分创造较为安静的生活环境，尽可能地减少鸡群应激反应发生的概率。产生应激反应的因素有很多，比如通风不良、噪声过大、温度过高或过低等。因此，养殖者应保证良好的养殖环境，确保蛋鸡产蛋量。

蛋鸡在产蛋前期需定期对鸡群体重进行检查，看其是否达到应有标准，如果发现体重不达标，需适当调整饲养措施，保证鸡群健康度和整齐度，并适当增加饲料中蛋白质和钙质的水平，为提高蛋鸡产蛋质量奠定良好基础。除以上 3 点外，还应注意鸡舍内光照，按照科学养殖要求调控光照，保证光照能满足鸡群生产需求。

产蛋高峰期蛋鸡的繁殖力强，这时饲料用量也要相应增加，这样才能保证鸡群产蛋性能，具体管理要点如下。

保证环境的舒适安静，避免发生鸡群应激反应。这一时期要尽量保证鸡舍养殖环境的舒适安静，除鸡舍饲养人员外，其他人最好不要进入鸡舍，同时要避免发生断料、断电、断水现象，这些现象很容易引发鸡群应激反应。此外，还应根据鸡群实际情况，对其进行预防性投药，预防鸡群应激反应的发生。及时补充营养，保证鸡群产蛋性能。产蛋高峰期必须给鸡群提供足够饲料，这样才能满足蛋鸡产蛋高峰期的需要，其饲料摄入量直接影响鸡群产蛋性能，只有摄入较为充足的饲料才能保证鸡群高产性能，才能使鸡群处于最佳状况，从而增加产蛋量。产蛋后期蛋鸡产蛋量逐步下降，但其采食量并不会有明显减少，而这时为了控制蛋鸡的体重和其内脂肪含量，要逐步减少蛋鸡料量，避免出现蛋鸡过肥过重情况。此外，为保证后期蛋质量，可以通过适量喂食小苏打来提高产蛋效率。

蛋鸡产蛋期是提高养殖者经济效益的关键时期，因此必须重视蛋鸡产蛋期的饲养管理，针对每个阶段的不同要求采取相应措施，如避免鸡群产生应激反应，提供安静稳定的生活环境，提供足够的光照以及适时调控饲料等。只要养殖者足够重视上文中提到的管理要点，掌握各项关键技术，就能提高鸡群生产能力，创造更大的经济效益。

第六章　羊的饲养管理

第一节　影响羊生长的重要营养成分

在羊养殖中，饲料的选择和配方非常重要。要想让羊及早出栏，饲料就要科学配比，达到羊生长的需求，在饲料中一定要含有以下几种营养成分。

一、维生素

主要作用是调节生理功能、保持健康和预防疾病。脂溶性维生素有维生素 A、维生素 D、维生素 E、维生素 K 4 种；水溶性维生素包括 B 族维生素和维生素 C、维生素 P 等。羊通过瘤胃微生物能够合成一定数量的 B 族维生素，在一般饲料维生素 D、维生素 E、维生素 K 含量丰富，最易缺乏的是维生素 A。因此，在肉羊饲养过程中特别注意维生素 A 的补充。

二、能量物质

碳水化合物是主要的能量物质。羊对能量的需要与活动程度有关，草原上放牧的羊比舍饲的多消耗 10%～100%的能量。

三、蛋白质

在羊体新陈代谢过程中，需要从所食各种草料中吸收蛋白质，作为各种体组织的结构物质和更新物质，蛋白质的需要实际上是对氨基酸的需要，喂草料的多样化，有利于保证蛋白质营养的全价。

四、矿物质

矿物质是构成羊体骨骼和牙齿的主要成分，常量元素主要有钙、磷、钠、钾、氯、镁、硫等。微量元素主要有铁、铜、锌、硒、碘、钴、钼等。它们对动物机体的消化、吸收、代谢、酸碱平衡、渗透压的维持和畜体的构成，都具有极为重要的作用。能满足以上几种营养成分需求的饲料，是可以保证羊的正常生长的。

饲料是能给动物提供营养，促进生长和生产，不发生有害作用的可食物质。单一的饲料营养不平衡，为了合理利用各种饲料原料，提高饲料养分的利用率，就要将各种饲料进行合理搭配，这种合理科学搭配的饲料就是牛羊的全价配合饲料，牛羊全价配合饲料是由饲草和精料两部分组成。

饲草包括粗饲料，如干草、农副产品的秸秆；青绿饲料如天然牧草、人工栽培牧草和青贮饲料；精料包括能量饲料，如玉米、小麦、青稞、麸皮；蛋白质饲料，如豆类（大豆、豌豆）、饼粕类（豆饼、菜籽饼）等；矿物质饲料，如石粉、骨粉、食盐等；以及维生素，如维生素 A、维生素 E 等；添加剂，如酶制剂、益生素等组成。

第二节　羊舍环境及卫生防疫

近年来，国家对农业生产结构进行了战略调整，牛羊等草食畜是国家大力支持和发展的畜牧产业之一，实施了系列的良种补贴、标准化示范场创建等扶持政策，促进了我国羊产业质的飞跃。规模化养殖数量和比例逐年升高，但不可否认标准化程度与国外仍有很大差距，尤其是对羊场环境认识不够。在生产中我们要高度重视羊场环境对羊的影响，努力创造一个良好的、舒适的、清洁卫生的羊场环境，以发挥其最大生产性能，养殖收益最大化。

一、环境因素对羊的影响

1. 温度对羊的影响

温度是影响羊健康与生产性能的重要环境因素之一，羊的适宜温度为5~25℃，在此范围内羊的生产性能、饲料利用率和抗病能力都较高。调研中大多养殖场认为“羊怕热不怕冷”，但是在寒冷的冬季，尤其是山区和坝上地区冬季夜间温度可降至-30℃甚至更低，羊摄入的饲料大部分都用来抵御寒冷，引起的后果就是肥育羊吃得多、长得慢，料肉比降低，羔羊成活率下降。夏季高温天气不仅使羊场内病原微生物大量滋生，更容易导致羊热应激，造成抵抗力降低、生产性能下降或疾病发生的现象。对公畜而言，高温会使精子活力下降，正常精子数量减少，畸形精子数量上升；对母畜而言，高温直接影响着床期的受精卵，造成胚胎死亡，受到高温影响的妊娠期母畜，其仔畜生命力较低，死亡率高。持续高温天气还会引发羊呼吸道疾病和中暑等疾病，重者可导致死亡。在2018年8月中旬石家庄某羊场就因为高温并发支原体病而导致羊只死亡的现象，造成极大经济损失。

2. 湿度对羊的影响

湿度是通过影响羊的体热平衡而影响其生产水平，羊舍适宜的相对湿度是55%~60%，最高不超过75%，湿度过高、过低都会影响羊的生长发育。一般情况下，干燥的环境对羊的生产和健康较为有利，尤其是在低温的情况更是如此。潮湿环境利于细菌等微生物繁殖，羊容易患疥癣、湿疹、腐蹄病以及呼吸道疾病等。在高温高湿条件下，羊的日增重和饲料利用率都会明显下降，持续时间长容易引起呼吸困难、体温升高，甚至机体功能失调直至死亡。但是温度特别高且空气又过于干燥，羊皮肤和外露黏膜干裂，减弱皮肤和外露黏膜对病原微生物的抵抗。所以湿度过高、过低都会对羊的生产和健康带来影响。

3. 光照对羊的影响

光照对羊只的影响主要表现在生理机能方面，尤其是对繁殖机能具有重要的调节作用，另外对钙的吸收有一定的促进作用。有研究表明，适当地加强光照强度，可提高饲料转化率4%，日增重提高3%~5%。合理的采光系数掌握在1：（15~25）为宜，高产羊为1：（10~12），羔羊为1：（15~20）。

4. 气流对羊的影响

炎热季节通风利于散热，应该适当提高羊舍通风量；寒冷季节通风不利于保温，但不通风或通风不足又容易引起舍内空气污浊，同样不利于羊的生长，易患呼吸道疾病。所以要保持羊舍通风合理，一般冬季气流应控制在0.1~0.2m/s，夏季控制在0.3~1m/s。

5. 有害气体对羊的影响

羊舍内有害气体主要为氨气和硫化氢，原因是羊粪污、垫草、垫料以及饲料残渣发酵分解产生，多见于夏季、寒冷季节通风不良的密闭羊舍，以羊粪污产生的影响最大。调研发现，大多羊场尤其是配套设施不完善的羊场存在羊粪污清理不及时的情况，几个月甚至半年时间不清理，加之通风措施不完善导致舍内空气污浊、刺鼻。刚排出的畜禽粪便含有氨气、硫化氢和胺等有害气体，在未能及时清除时臭味将成倍增加，恶臭气体将导致空气污浊。畜禽粪便大量长期堆积产生的恶臭和有害气体大多具有强烈的刺激性和毒性，直接影响羊的健康及生产性能，间接危害人和羊群。

羊场环境卫生状况恶化，易引起羊群慢性中毒，导致羊群生产力下降。水源在受到长期大量的羊粪污染时，可能会造成水体中的许多病原微生物和寄生虫病的流行。畜禽粪尿中的有害微生物、致病菌及寄生虫卵的传播，给人类的健康带来严重影响。另外羊的布鲁氏病、炭疽、血吸虫病和脑包虫病等人畜共患病，通过羊排泄物在一定的条件下可感染人类，对人类造成极大的危害。

二、降温防暑措施

1. 完善降温设施

一是做好羊舍隔热降温，在羊舍、运动场上方或四周用遮阳网等隔热性能好的材料加以遮盖，搭建凉棚等，减少阳光直射。二是有条件的密闭式羊舍可采用水帘降温，此设备在猪及奶牛场使用广泛且效果明显。无条件的可在羊舍内安装风扇、风机，利用正压或负压通风方式降温。三是加强羊舍周围绿化。一方面起到调节场内温湿度、减少太阳直射的作用，另一方面可吸附二氧化碳、氨气及硫化氢等气体达到净化空气的作用。还可以降低羊场病原微生物的含量，减少疾病发生。

羊是群居动物，在 8 月份调研过程中发现羊在热时喜欢将头扎在其他羊腹下，有的羊扎堆躲避在墙根阴影下或通风较好的门口处，导致热量散发不力。另外，夏季羊舍内自然温度本身就高，加上粪便堆积产热及羊只自身热，所以适度降低饲养密度，可以降低舍内温度。

2. 调整日粮配方

高温时，食欲减退，采食量减少，应适当提高饲料营养浓度，在饲料中添加一些助消化、适口性好的物质（如葡萄糖粉或黄芪糖粉以及降温防暑的中草药），增加青绿饲料、湿拌料以增强羊的食欲，维持采食量。

3. 防暑设施

除上述降温措施外，还应该做好防暑措施。可以对舍外饮水、补饲设施采取遮阳、隔热设施；保证饮水清洁、充足，在水中添加维生素 C、薄荷、柴胡、葛根、鱼腥草、板蓝根、六竹根、藿香正气液等药物，缓解或减轻热应激。

三、保温措施

部分羊舍采用卷帘舍，羊舍的两侧或单侧纵墙上安装半自动或全自动卷帘结构，夏季卷帘卷起加大通风，冬季放下卷帘保温。冬季较为寒冷，部分羊场采用有窗密闭舍，冬季保温效果明显但夏季舍内温度较高。不同区域可根据当地环境采取不同的建筑模式，当然必须与羊只不同生理阶段相适应。需要注意的是，在加强舍内保温的同时也要保证合理的通风，避免舍内的潮湿及空气污浊，密闭舍可在中午温度较高时通风 1h 左右。这其中更重要的是保温性能较好的产房，可配备地暖等保暖设施，最近几年较流行红外及空气热源保暖措施，费用不高且效果明显。调研发现，河南省羊场单设产房的很少，尤其是小规模羊场大多是在繁殖母羊舍内开辟一个角落设置产栏，环境难以控制，所以在此建议大规模羊场还是以设置单独产栏为宜。

墙体保温隔热性能直接影响舍内温度。部分羊舍采用十字花墙结构，节省建材，通风良好，但不利于冬季保温。舍屋顶多为脊形钢架彩钢板结构，采用 10~15cm 厚度聚苯乙烯彩钢夹芯板，保温性能相对较好。为了保证舍内光照，可在屋顶阳面或阴阳两面设置阳光板。另外，也有羊舍建筑模式采用半钟楼形式，该结构通风换气较好，但冬季保温效果较差，可考虑屋顶开部分天窗。冬季换气量每只羊可控制在 15~30m^3/h。封闭式舍屋顶可设风帽或者可调天窗，但采用风帽通风受限于舍外风速大小，通风量和风速难以控制。

四、光照控制

采光面积取决于羊舍高度、跨度、采光板及窗户的大小，采光面积大利于冬季保温但又不利于夏季散热。羊舍高利于通风换气但不利于保温，窗户面积的大小同样影响到羊舍的通风保温。在实际应用中要根据当地气候的不同灵活掌握，坚持保温与通风兼顾的原则。

加强粪污垫料处理。粪污垫料要及时清理，羊舍的主要清粪方式为人工清粪和机械清粪（刮板），人工清粪适用于小规模羊场（户），刮板清粪适于规模化羊场。及时清理粪污可明显改善舍内环境，有效降低冬夏季节舍内的氨气、硫化氢和甲烷等有害气体浓度。粪便的后续处理主要是堆肥发酵或储粪池发酵，然后直接进地施肥。通过羊场环境的有效控制，创造良好、舒适、卫生的养殖环境，提高羊的生产性能和抵抗能力，从而提高羊产业的经济效益。

第三节　羊品种的选择及注意事项

羊是一种品种繁多且多样化的动物，不同的羊种外表上差异非常大。

一、陕南白山羊

陕南白山羊

陕南白山羊分布在陕西南部地区，这种山羊的鼻梁比较平直，毛主要以白色的为主，而且少数呈现为黑色、褐色或杂色，它的毛是毛笔和排刷的制作原料，用途很广泛。

二、贵州白山羊

贵州白山羊

贵州白山羊的皮厚薄均匀，而且摸起来柔韧性很好，拉力比较强，而且产肉性能比较好，繁殖力也高。

三、圭山山羊

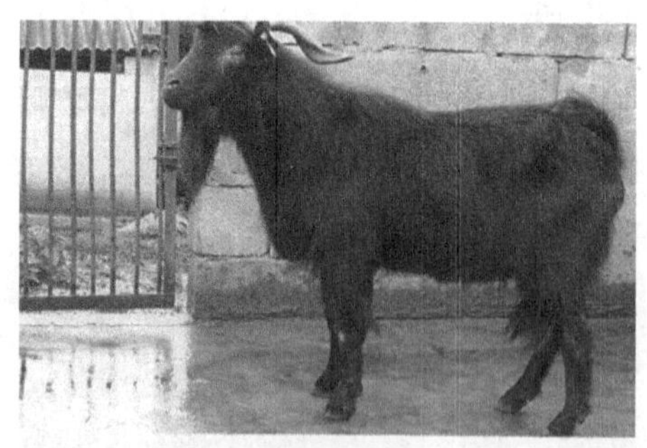

圭山山羊

圭山山羊主要分布于云南省路南县和圭山山脉一带地区，这种山羊的抗逆性比较强，发病较少，易于饲养，另外耐粗饲的能力较强，而且产肉能力强，体质好、身体结实，抗病能力好，但是生长发育缓慢，成熟的比较晚。

四、建昌黑山羊

建昌黑山羊

建昌黑山羊主要生产在四川省会理县，正常的建昌黑山羊中等体形，呈长方形。

五、兰州大尾羊

兰州大尾羊

兰州大尾羊主要产在兰州市的郊区，被毛纯白，头的大小中等，兰州大尾羊头上没有角，具有生长快、生产能力高的特点，但是很少有养殖户进行大量的养殖，多采用分散饲养。

六、同羊

同羊

同羊主要产于陕西渭南和渭阳等地。肉质十分肥嫩，而且瘦肉绯红，肉质广受欢迎，而且同羊产肉力较好。

七、关中奶山羊

关中奶山羊

关中奶山羊分布在陕西省渭南、咸阳以及宝鸡等地区，抗病能力强，而且体质较好，能够适应各种生长环境，耐粗饲。

八、新疆山羊

新疆山羊

新疆山羊分布于新疆维吾尔自治区（全书简称新疆），体质好，肉质扎实，毛大多数都是白色，少数为黑色、灰色和白色等其他杂色。

九、内蒙古绒山羊

内蒙古绒山羊

产于内蒙古，是当地特产的羊种，体质结实，毛致密又有弹性，羊绒纤维非常柔软，是制作各大皮革和衣物的好原料，羊肉又细嫩，既能食用又在服装行业有着巨大的作用，而且抗逆性强，能够生存在荒漠山地中。

十、西藏山羊

西藏山羊

产于青藏高原地区，这种羊的体型较小，但是体质比较结实，而且身体结构很对称，看起来整体比较完好，抗逆性也强，能够适应一些高寒的牧区生存环境，适应能力非常强。

第四节　不同时期羊的饲养管理及注意事项

一、羔羊的饲养管理及注意事项

随着城镇化步伐的加快，农村大量土地及荒山有利于草食动物的养殖，而养羊是一项投资少、周期短、见效快、易从事的产业。羔羊是发展养羊业的基础，若羔羊阶段饲养管理不当，不仅会造成羔羊大量死亡，而且会严重影响生产能力。

1. 培育壮胎是前提

母羊怀孕 5 个月中，前 3 个月胎儿发育较慢，饲养上以放牧为主，怀孕后 2 个月，胎儿生长速度加快，在放牧基础上，每天

哺乳羔羊

补混合精料 0.5kg、干草 1kg、青草 1kg、胡萝卜 0.5kg、石粉 10g、食盐 10g，以保证营养供给。不喂发霉变质草料，不饮冰水，防拥挤、滑跌、顶撞，保持圈舍清洁干燥通风。在分娩前 1 个月，饲养人员每天按摩母羊乳头 10min，直到分娩前 4 周停止，以促进乳腺发育，使其有充足的奶水为羔羊提供营养物质，培育出壮胎。

怀孕母羊

2. 做好接产是基础

母羊怀孕近 5 个月时，将有分娩征兆的母羊赶入铺有干净垫草、已经消毒的分娩栏内待产，并将母羊外阴、后臀、下腹先用温水擦洗干净，再用毛巾浸满0.1%高锰酸钾溶液擦洗消毒。助产员用1%来苏尔溶液消毒手臂，戴上长臂乳胶手套，观察母羊分娩进程，检查胎位是否正常。当发现胎位不正时，先将胎儿露出部分推回子宫，将母羊后躯抬高，手臂涂润滑油，伸入产道矫正胎位，随母羊努责拉出胎儿；胎儿过大时，可将两前肢反复拉出送入，乘势缓慢拉出。如产道干涩，可涂医用凡士林或甘油润滑，再实施牵引助产，避免生产过程中造成不必要的损失。

羔羊

3. 搞好护理是关键

羔羊出生后，迅速用干净毛巾将口鼻耳中黏液擦干，距腹部4cm处剪断脐带，用5%碘酒对脐带断端按压或浸泡消毒，0.5h内让羔羊吃上初乳，保持护仔栏内温度在20℃以上，当母羊奶水不足或产羔数多时，采用近期生产母羊代养或人工喂养。人工饲喂时，6d以内的代初乳，用常用乳750mL、食盐10g、新鲜鱼肝油15g、鸡蛋2枚充分振荡后，加热至40℃，每次喂0.5h；7~40d常乳，用69%脱脂奶粉、24.5%动物脂肪、5.3%乳糖、1.2%二价磷酸三钙，每千克人工乳加35mg四环素，每千克乳粉可兑7.5kg干净水。喂量为羔羊体重的2%，奶温保证在40℃，每天喂奶4~6次。对发生窒息假死的羔羊，可将其两后肢提起，头向下，轻拍胸部，倒出胎液，然后迅速放入产仔栏使其恢复知觉，必要时注射尼可刹米1mL，促进呼吸；对已停止呼吸者，可脐动脉缓慢注射10%氯化钙溶液2mL进行紧急处理，以提高初生羔羊的成活率。

刚生产的羔羊

4. 强化管理是保障

母羊生产20d后，泌乳量逐渐下降，因此羔羊在7日龄开始用大羊反刍液或吃过的草饲喂，以建立瘤胃菌群，并饲喂易消化的优质青干草，促进其胃肠蠕动；10日龄时，应增加饲喂易消化的配合饲料，其配方为30%炒黄豆、50%玉米、19%麸皮、1%食盐和矿物质，每天饲喂4~5次，喂量由少到多，每天供给新鲜清洁饮水，水温控制在20℃左右；羔羊满1个月后，采食量逐渐增加，精料按体重0.5%供给，日喂3~4次，做到定时、定量、定质。定时消毒饲喂用具。并在20~30日龄时，采用阉割或结扎的方法对不作种用的公羔进行去势。羔羊3月龄时，体重达15kg，能每日消化粗饲料1kg时，即可断奶。断奶时需经

7~10d 适应期，每天饲喂优质青干草 1.5kg 或青草 3~4kg，精料 0.2kg，使之顺利过渡到青年羊阶段，为羊体成熟和育肥出栏起到保障作用。

多产的母羊

5. 加强免疫是保护

羔羊期免疫系统未健全，各种疫病会趁虚而入，搞好免疫工作是养好羔羊的重要举措，为此建议广大养羊户定期开展羔羊痢疾、布鲁氏杆菌病、传染性脓疱病、山羊痘等病的免疫工作，做到按疫苗说明的计量、方法进行免疫注射，并搞好驱虫和消毒工作，以保障其健康成长，为山羊产业稳定健康发展、农村脱贫致富发挥积极的作用。

二、育成羊的饲养管理及注意事项

肉绵羊在育成期，消化功能从羔羊阶段的不健全逐渐发育完善和健全，生长发育先经过性成熟，并继续发育到体成熟。肉绵羊在4~10月龄达到性成熟，出现第一次的发情和排卵，且体重达到成年羊的40%~60%。但是，肉绵羊在该阶段还没有完全发育，还不适宜进行配种。当肉绵羊体重达到成年羊的80%左右时，说明其已达到体成熟，此时才可适时进行配种。肉绵羊在整个育成期内，由于处于较快的生长发育状态，因此需要大量的营养，如果此时无法满足其营养需要，就会使其生长发育受到影响，导致其体重较轻，体型较小，胸窄，四肢较高。还会导致体质变差，被毛稀疏无光泽，延迟性成熟和体成熟，无法适时进行配种，从而使生产性能受到影响，严重时甚至会导致失去种用价值。因此，肉绵羊育成期对整个羊群的未来具有较大影响。育成羊的选种通过挑选合适的育成羊作为种用，是提高羊群质量的前提和主要方式。肉绵羊生产过程中，通过在育成期挑选羊只，将品种特性优良、种用价值高、高产母羊和公羊选出来用于繁殖，而将不符合种用要求或者多余的公羊转变成商品生产使用。

在实际生产中，主要的选种方法是根据羊自身的生产成绩、体形外貌进行挑选，同时结合系谱审查和后代测定。放牧结合舍饲对于刚刚断奶且经过整群的育成羊，正处于早期发育阶段。对于冬季生产的羔羊，断奶后正好进入青草发芽阶段，可选择放牧青草，在秋末冬初时体重能够达到35kg左右。备足越冬料，入冬前，必须提前准备充足的青干草、作物秸秆、树叶、打场的副产品和藤蔓，将一切能够用于饲喂肉绵羊的饲料饲草收集起来。冬季，包括成年羊在内，确保每只羊每天能够饲喂2~3kg的粗饲料，还要适当补充精料。贮存粗饲料要加强管理，避免发生霉烂，还要加强防火。同时，还要准备适量的青绿多汁饲料，可对农作物秸秆进行青贮，或者贮存适量的胡萝卜等。越冬阶段主要采取舍饲，辅以放牧。越冬阶段，如果育成羊只采取放牧饲养，虽然得到足够的运动，但无法吃饱，反而会导致羊只严重掉膘。

因此，对于寒冷地区冬季要对肉绵羊采取以暖圈饲养为主。

春季肉绵羊开始由舍饲逐渐过渡到青草期，此时要着重防止跑青。放牧时，要注意实行先阴后阳，控制游走，扰群躲青，增加采食时间，控制羊群少走多吃。另外，还要留出一定量的干草，在羊群出牧前补给。育成羊在进入配种前，要选择在优质草场进行放牧，增加摄取的营养水平，确保其在配种前体况保持良好，争取以满膘状态进入配种，从而达到多排卵、多产羔、多成活的目的。合理搭配日粮，在实际生产中，育成期通常可分成两个阶段，即3~8月龄是育成前期，8~18月龄是育成后期。

育成前期是羔羊生长发育最快的时期，尤其是断奶不久的羔羊，瘤胃容积有限且机能不完善，对粗饲料的利用能力较弱，这一阶段饲料的好坏，将直接影响羊的体格大小、体型、成年后的生产性能和整个羊群的品质。育成前期羊的日粮应以精料为主，配合优质苜蓿、青干草和青绿多汁饲料，以日粮的粗纤维含量不高于17%为宜，日粮中粗饲料的比例不超过50%。断奶后的羔羊处于生长发育迅速的阶段，特别是刚刚断奶的羔羊，由于瘤胃容积较小且机能还没有发育完善，消化利用粗饲料的能力较弱，此时饲料的优劣，将对羊只的体型、体重以及成年后的繁殖性能，甚至是整个羊群的品质产生直接影响。肉绵羊育成前期，饲喂的日粮要以精料为主，并搭配适量的青干草、优质苜蓿和青绿多汁饲料，确保日粮中含有17%的粗纤维，控制日粮中粗饲料的比例在50%以下。

羊的瘤胃消化机能基本完善，可以采食大量的牧草和农作物秸秆，但身体仍处于发育之中。粗劣的秸秆不宜用来饲喂育成羊，即使要用，在日粮中的比例也不能超过20%。使用前还要进行合理的加工调制。由于公羊一般生长发育快，需要营养多，所以公羊要比母羊多喂些精料，同时还应注意对育成羊补饲矿物质如钙、磷、盐及维生素A、维生素D。肉绵羊的瘤胃消化机能基本发育完善，能够采食大量的农作物秸秆和牧草，但身体依旧处于发育阶段。育成羊此时不适宜饲喂粗劣的秸秆，即使饲喂也要注意控制其在日粮中所占的比例在20%以下。

由于公羊在该阶段生长发育迅速，使其需要更多的营养，因此可适当增加精料的饲喂量。同时，育成羊在该阶段还要注意补饲矿物质，如钙、磷、盐等，还要补充适量的维生素A、维生素D。公羊管理的重点是保持膘情良好，体质健壮，性欲旺盛，以及精液品质优良。公羊采取舍饲时，要注意保持活动场所较大，一般确保每只羊要占有$4m^2$以上圈舍面积。另外，夏季由于温度过高，会影响精液品质，此时要加强防暑降温工作，在夜间休息时要确保圈舍保持通风良好。公羊8月龄前不能够进行采精或者配种，当12月龄之后且体重在60kg左右时才能够用于配种。母羊育成期的管理重点是满足母羊的营养需要，使其旺盛生长，并做好进行繁殖的物质准备。母羊需要饲喂大量的优质干草，从而促进消化器官发育完善。要保持充足光照以及适当运动，使其食欲旺盛，心肺发达，体壮胸宽。育成母羊通常在8~10月龄且体重达到40kg或者超过成年体重的65%时可进行配种。但由于育成母羊发情不会像成年母羊一样明显和规律，因此必须加强发情鉴定，防止发生漏配。

育成羊的选种是羊群质量提高的基础和重要手段，生产中经常在育成期对羊只进行挑选，把品种特性优良的、高产的、种用价值高的公羊和母羊选出来留作繁殖用，不符合要求的或使用不完的公羊则转为商品羊生产使用。生产中常用的选种方法是根据羊本身的体形外貌、生产记录、系谱登记进行选择。断乳以后，羔羊根据品种、性别、大小、强弱分别组群，单独分圈饲养。加强补饲，按饲养标准采取不同的饲养方案，按月抽测体重，根据增重情况调整饲养方案。在生产中一般将育成期分为两个阶段，即育成前期（3~8月龄）和育成后期（8~18月龄）。

育成羊

三、后备羊的饲养管理及注意事项

后备母羊是指羔羊断奶至初次配种的母羊，一般指 4~18 个月龄阶段。后备母羊培育水平高低，直接关系到成年期的生产性能，决定未来羊群的生产力和生产水平乃至羊场的经济效益。饲养管理不当，就会使母羊生长发育受阻，出现体长不足、胸围小、胸宽窄、胸深浅、腿长背弓、体躯狭小、肢体比例失调、体质瘦弱、采食能力差、体重小的“僵羊”，失去种用价值。后备母羊的饲养管理主要有以下要点：4~6 月龄是后备母羊培育关键时期。这个阶段后备母羊处于快速发育阶段，对营养的需求水平高。而这时又恰在刚断奶、春草萌发、青黄不接的饲料转换阶段，成为后备羊培育的桎梏。因此，刚断奶的后备母羊营养需求主要来自精饲料、混合精料补饲，至少应延长 1 个月，结合放牧回归后再补饲一定数量的优质干草和青绿多汁饲料，不可断然停止补饲。舍饲养殖的后备母羊日粮仍以精料为主、优质青干草为辅，注意补充维生素和微量元素添加剂或块根块茎类饲料。块根块茎饲料要切片，饲喂时要少喂勤添。

放牧饲养在由冬春舍饲为主转换为放牧时，应视牧草生长状况，逐渐减少精料补饲量，延长放牧时间，缓慢过渡到全放牧状态。舍饲羊群在转换饲养方式时，应避免过快地变换饲料类型和饲料种类：用后备母羊日粮替代或用一种饲料代替另一种饲料时，一般在 3~5d 内先替换 1/3，在接下来的 3d 内替换 2/3，其余的在 3d 内全部替换。粗饲料替换精饲料时，替换速度需更慢一些，一般在 10d 左右完成，以免出现不良反应。

后备母羊培育有一个“吊架子”过程，一般在 8~12 个月龄需采取限制饲养，使其有一个较大的体型，以免过于肥胖影响繁育机能。放牧饲养的后备母羊仅补饲微量元素（舔砖），不再补饲任何精粗饲料。舍饲饲养的后备母羊，8 月龄以后羊日粮能量水平不宜过高，否则会导致早熟。蛋白质质量要好，限制性氨基酸、维生素、微量元素等各种添加剂要供应充足，以保证机体器官特别是生殖系统正常发育，使其在达到配种年龄时达到种用标准，正常配种繁育。

自断奶之日起，后备公羊和后备母羊应分群单独管理。同性别的后备羊也应按年龄、体格大小重新组群、分别管理，以免群体发育不均衡、影响整体水平。有条件的还应定期（每月 1 次）测定体尺体重，按培育目标及时调整饲养方案。严禁公母羊混群饲养或临近放牧、饲养，以防早熟偷配、早配早孕。若欲实行早期配种，受配母羊体重须达到成年体重的 70%以上（即 8 月龄体重达到 42~52kg）。后备羊须在 6 月龄、12 月龄和 18 月龄进行体形外貌鉴定，发育不良、达不到品种标准的必须坚决淘汰。18 月龄配种前后备羊（青年羊）的选留量以占现有可繁母羊总数的 30%左右为宜（实行 3 年循环制）。根据后备羊的不同生长阶段，根据当地饲料营养能量测定情况，制定合理的饲料配方，25~50kg 体重阶段后备羊日粮干物质进食量和消化能、代谢能、粗蛋白质、钙、磷、食用盐每日营养需要量可查阅当地各种物质营养含量测定情况，根据实际情况制定合理的饲料配方。

四、成年羊的饲养管理及注意事项

成年羊是机能活动最旺、生产性能最高的时期，能量代谢水平稳定，虽然绝对增重达到高峰，但在饲料丰富的条件下，仍能迅速沉积脂肪。特别利用成年母羊补偿生长的特点，采取相应的肥育措施，使其在短期内达到一定体重。补偿生长现象是由于羊在某些时期或某一生长发育阶段饲草饲料摄入不足而造成的，若此后恢复较高的饲养水平，羊只便有较高的生长速度，直至达到正常体重或良好膘情。成年母羊的营养受阻可能原因如下。一是繁殖过程中的妊娠期和哺乳期，此时因特殊的生理需要，即便在正常的饲喂水平时，母羊也会动用一定的体内贮备。二是季节性的冬瘦和春乏，由于受季节性的气候、牧草供应等影响，冬、春季节的羊只常出现饲草料摄入不足。在我国，羊肉生产的主体仍是淘汰的成年母羊。

要使育肥羊处于非生产状态，母羊应停止配种、妊娠或哺乳，公羊应停止配种、试情，并进行去势。各类羊在育肥前应剪毛，以增加收入，改善羊的皮肤代谢，促进羊的育肥。如羊只感染了寄生虫病，日常摄入的大量营养将被消耗，同时寄生虫还会分泌毒素，破坏羊只消化、呼吸和循环系统的生理功能，给羊只造成很大的伤害。所以在育肥前应进行驱虫。通过药物驱虫，可以避免羊的额外体内损失，对快速育肥和减少饲草料损耗都将十分重要。

根据羊只来源和牧草生长季节，选择育肥方式，目前主要的育肥方式有放牧与补饲混合型和舍饲育肥两种。但无论采用何种育肥方式，放牧是降低成本和利用天然饲草饲料资源的有效方法，也适用于成年羊快速育肥。放牧补饲型：①夏季放牧补饲型是充分利用夏季牧草旺盛、营养丰富的特点进行放牧育肥，归牧后适当补饲精料。这期间羊日采食青绿饲料可达 1kg，精料 1kg，育肥日增重一般在 120～140g。②秋季放牧补饲型主要选择淘汰老母羊和瘦弱羊为育肥羊，育肥期一般在此时可采用两种方式缩短育肥期，即一是使淘汰母羊配上种，怀孕育肥宰杀；二是将羊先转入秋场或农田茬子地放牧，待膘情好转后，再转入舍饲育肥。

舍饲育肥：成年羊育肥周期一般以 1 天为宜。底膘好的成年羊育肥期可以为 60 天，即育肥前期、中期、后期，底膘中等的成年羊育肥期可以为 75 天。此法适用于有饲料加工条件的地区和饲养的肉用成年羊或羯羊。根据成年羊育肥的标准合理地配制日粮。成年羊舍饲育肥时，最好加工为颗粒饲料。要点要选择膘情中等、身体健康、牙齿好的羊只育肥，淘汰膘情很好和极差的羊。为防止因个体差异大，造成强弱争食，应将羊只按体重和体质进行分群。一般把相近情况的羊只放在同群饲养。入圈前注射羊快疫、羔羊痢疾、肠毒血症三联四防灭活疫苗和药物驱虫。同时在圈内设置足够的水槽、料槽，并对羊舍及运动场进行清洁与消毒。选好日粮配方后严格按比例称量配制日粮。为提高育肥效益，应充分利用天然牧草、秸秆、树叶、农副产品及各种下脚料，扩大饲料来源。

合理利用尿素及各种添加剂，如育肥素、喹乙醇、玉米赤霉醇等。成年羊只日粮的日喂量依配方不同而有差异，一般为 1kg。每天投料两次，日喂量的分配与调整以饲槽内基本不剩为标准。喂颗粒饲料时，最好采用自动饲槽投料，雨天不宜在敞圈饲喂，午后应适当喂些青干草，每只 2～3kg，以利于成年羊反刍。在肉羊育肥的生产实践中，各地应根据当地的自然条件、饲草料资源、肉羊品种状况、人力物力状况，选择适宜的育肥模式进行羊肉的生产，达到以较少的投入，换取更多肉产品的目的。

参考文献

敖建明. 2018. 浅谈如何提高犊牛成活率［J］. 中国畜禽种业，14（7）：71.

曹兵海. 2001. 生长早期的不同阶段和日粮蛋白质水平对肉鸡补偿性生长的影响［J］. 中国农业大学学报，6（5）：113-118.

岑荣培. 2015. 高档肉牛的科学饲养［J］. 贵州畜牧兽医，39（4）：56-58.

迟海辉. 2018. 绿色养殖土鸡的关键技术分析［J］. 农业与技术，38（2）：125.

崔琳. 2010. 奶牛对不同牛床垫料喜好选择影响的研究［D］. 哈尔滨：东北农业大学.

方永凤. 2016. 犊牛培育需抓好的“五个环节”［J］. 当代畜牧，33（20）：21.

洪学. 2014. 仔猪哺乳期腹泻八类型［J］. 猪业观察（5）：115-116.

黄艳. 2012. 养猪场育肥猪的饲养管理技术研究［J］. 科学之友（11）：162.

贾毅. 2011. 高档肉牛养殖技术［J］. 畜禽业，22（8）：17-18.

金俊杰. 2013. 浅谈肉牛育肥的饲养管理［J］. 甘肃畜牧兽医（4）.

李文新. 2016. 能繁母牛围产期的饲养管理技术［J］. 中国畜禽种业，32（6）：70-71.

李骁驽. 2012. 蛋鸡产蛋高峰期的饲养管理［J］. 养禽与禽病防治（4）：19-20.

李彦锋. 2013. 高档肉牛快速育肥的要点［J］. 养殖技术顾问（10）：32.

李玉欣. 2003. 生长早期不同能量、蛋白限饲水平对肉仔鸡补偿生长的影响［J］. 中国畜牧杂志，39（3）：5-7.

李忠荣. 2000. 日粮能量、蛋白质水平对福建河田鸡胴体品质的影响［J］. 福建农业大学学报，39（3）：371-375.

刘传猛. 2017. 蛋鸡产蛋高峰期的生理变化及饲养管理［J］. 现代畜牧科技（9）：41.

刘国信. 2007. 高致病性猪蓝耳病的综合防制［J］. 北京农业（22）：38.

刘丽. 2001. 饲养水平、年龄及体重对牛产肉性能影响的研究［J］. 黄牛杂志，27（3）：10-14.

罗晓瑜. 2013. 肉牛养殖主推技术［M］. 北京：中国农业科学技术出版社，90-96.

彭祥伟. 2017. 土鸡规模养殖存在的问题及建议［J］. 畜禽业，28（12）：63.

邱怀. 1990. 秦川牛高中档牛肉生产技术规范的研究［J］. 营养水平对成年秦川阉牛肉用性能影响的研究［J］. 黄牛杂志（2）：14-19.

全国畜牧总站. 2012. 肉牛标准化养殖技术图册［M］. 北京：中国农业科学技术出版社，40-41.

宋代军. 2002. 营养水平对肉鸡肌肉组织学的影响［J］. 畜牧兽医学报，33（6）：551-554.

孙国强. 2014. 优质高档肉牛饲养管理技术新模式［J］. 畜牧与饲料科学，35（11）：81-82.

孙兰. 2006. 犊牛培育饲养管理要点［J］. 云南畜牧兽医，35（6）：27-28.

万遂如. 2011. 对猪蓝耳病的认识与再认识［J］. 今日畜牧兽医（3）：89-91.

汪智军. 2017. 舍饲能繁母牛围产期管理技术［J］. 中国畜禽种业，33（10）：73-74.

王炳丽. 2018. 土鸡养殖成功率低的原因及对策［J］. 当代畜禽养殖业（2）：21.

王阜生. 2010. 浅谈育肥猪的饲养管理技术措施［J］. 中国畜禽种业，6

(1)：51.

王学君. 2011. 肉牛育肥模式和饲养管理技术要点［J］. 河南畜牧兽医(3).

闫祥林. 2003. 营养水平对肉牛生产性能及牛肉品质的影响［D］. 南京：南京农业大学.

杨正谦. 2017. 怀孕母牛饲养管理技术要点［J］. 中国畜禽种业，33(3)：56.

于晓云. 2013. 复合益生菌对仔猪黄白痢的疗效观察［J］. 中国动物检疫(1)：154.

袁峥嵘. 2012. 中国高档牛肉市场现状及发展趋势展望［J］. 中国畜牧杂志，48(4)：34-37，40.

张继才. 2012. 高档肉牛饲养管理［J］. 新农业(11)：14-15.

张家峥. 2005. 猪瘟超前免疫的应用及问题［J］. 养猪(2)：49-50.

张健. 2018. 浅谈土鸡生态养殖［J］. 畜禽业，29(3)：38，41.

张路陪. 2012. 中国高档牛肉市场现状及发展趋势展望［J］. 中国畜牧杂志，48(4)：34-37，40.

张延翔，王帅. 2006. 犊牛培育的技术要点［J］. 中国牛业科学，32(1)：78.

周朝萍. 2017. 农村土鸡饲养管理技术［J］. 畜牧兽医科技信息(11)：91.

周陆平. 2017. 农村土鸡的生态养殖技术［J］. 当代畜禽养殖业，11.

Cahaner A，Pinchasov Y，NirI，et al. 1995. Effects of dietaryproteinunderhighambienttemperatureonbodyweight，breastmeatyield，andabdominalfatdeposition of broilerstocksdifferingingrowthrateandfatness［J］. PoultSci，74(6)：968-975.

Choct M，Naylor A J，Reinke N. 2004. Seleniumsupplementationaffectsbroilergrowthperformance，meatyieldandfeathercoverage［J］. Br PoultSci，45(5)：677-683.

De Boland A R，Boland R L. 1984. Effectsofvitamin D3oninvivolabellingofchickskeletalmuscleproteinswith leucine［J］. Naturforsch，［C］. 39(9-10)：1015-1016.

Hassan S, Hakkarainen J, Jonsson L, et al. 1990. Histopathologicalandbiochemicalchangesassociatedwithseleniumandvitamin Edeficiencyinchicks [J]. Zentralbl. Veterinarmed. A, 37 (9): 708-720.

Leclercq B. 1998. Lysine: Specificeffects of lysineonbroilerproduction: comparisonwiththreonineandvaline [J]. PoultSci, 77 (1): 118-123.

Nunes V A, Gozzo A J, Cruz-SilvaI, et al. 2005. Vitamin Epreventscelldeathinducedbymildoxidativestressinchickenskeletalmusclecells [J]. Comp Biochem Physiol CToxicol Pharmacol, 141 (3): 225-240.

Roy B C, OshimaI, Miyachi H, et al. 2006. Effectsofnutritionallevelonmuscledevelopment, histochemicalpropertiesofmy of ibreandcollagenarchitectureinthepectoralismuscleofmalebroilers [J]. Br Poult Sci, 47 (4): 433-442.

Siegel P B, Picard M, NirI, et al. 1997. Responsesofmeat-typechickenstochoicefeedingofdietsdifferinginproteinandenergyfromhatchtomarketweight [J]. PoultSci, 76 (9): 1183-1192.

Tesseraud S, Maaa N, Peresson R, et al. 1996. Relativeresponsesofproteinturnoverinthreedifferentskeletalmusclestodietarylysinedeficiencyinchicks [J]. Br Poult Sci, 37 (3): 641-650.

Tesseraud S, Pym R A, Bihan-Duval E, et al. 2003. Responseofbroilersselectedoncarcassqualitytodietaryproteinsupply: liveperformance, muscledevelopment, andcirculatinginsulin-likegrowthfactors (IGF-Iand-II) [J]. Poult Sci, 82 (6): 1011-1016.

Tesseraud S, Temim S, Bihan-Duval E, et al. 2001. Increasedresponsivenesstodietarylysinedeficiencyofpectoralismajormuscleproteinturnoverinbroilersselectedonbreastdevelopment [J]. JAnim Sci, 79 (4): 927-933.

Uni Z, Ferket P R, Tako E, Kedar O. 2005. Inovofeedingimprovesenergystatusoflate-termchickenembryos [J]. Poult Sci, 84 (5): 764-770.

Urdaneta - Rincon M, Leeson S. 2002. Quantitativeandqualitativefeedrestrictionongrowthcharacteristicsofmalebroilerchickens [J]. Poult Sci, 81 (5): 679-688.